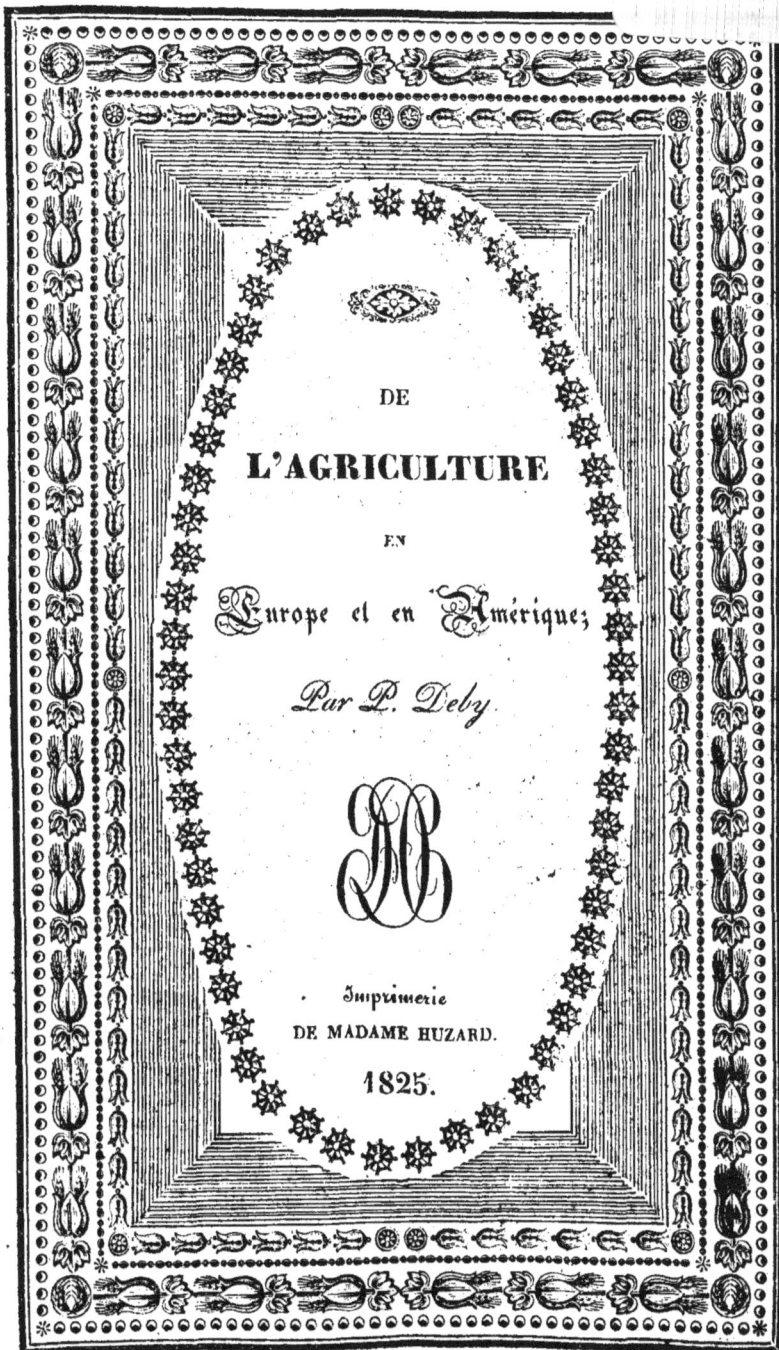

DE

L'AGRICULTURE

EN

Europe et en Amérique;

Par P. Deby.

Imprimerie
DE MADAME HUZARD.

1825.

DE L'AGRICULTURE

EN

EUROPE ET EN AMÉRIQUE.

IMPRIMERIE
DE MADAME HUZARD (NÉE VALLAT LA CHAPELLE),
rue de l'Éperon, n° 7.

COLBERT.

Lith. de. Manteau et Choubé

De

L'AGRICULTURE

EN

EUROPE ET EN AMÉRIQUE,

CONSIDÉRÉE ET COMPARÉE

DANS LES INTÉRÊTS DE LA FRANCE ET DE LA MONARCHIE;

SUIVIE

d'Observations

SUR LES PROJETS DE SULLY ET DE COLBERT;

Par P.-H.-H. Deby,

ANCIEN PAYEUR DES ARMÉES, CHEVALIER DE L'ORDRE DE CHARLES III.

> Pâturage et labourage sont les deux mamelles
> qui nourrissent la France et qui valent mieux
> que tout l'or du Pérou.
> SULLY.

Tome Second

A PARIS,

CHEZ MADAME HUZARD, IMPRIMEUR-LIBRAIRE,
RUE DE L'ÉPERON SAINT-ANDRÉ, N° 7.

1825.

DE L'AGRICULTURE

EN

EUROPE ET EN AMÉRIQUE.

CHAPITRE II.

VUES DE SULLY ET DE COLBERT SUR L'AGRICUL-
TURE. — AMÉLIORATIONS AGRICOLES INTRO-
DUITES PAR CES DEUX MINISTRES. — CAUSES
QUI LES ONT FAIT ABANDONNER. — MOTIFS
POUR LES RÉTABLIR.

Parallèle entre Sully et Colbert.

Guidés par trois grands ressorts qui produisent le bien, le dévouement au souverain,
l'amour de sa véritable gloire, et la noble ambition de contribuer à la prospérité de la
monarchie, Sully et Colbert se rencontrè-
rent dans le désir d'affranchir des tributs de

2. 				I

l'étranger l'État dont l'économie politique leur fut confiée ; tous les deux cherchèrent à multiplier sur le sol de la France les sources fécondes de la production; mais ils prirent, pour arriver à ce but louable, des voies différentes.

Sully préféra l'agriculture au commerce, et Colbert le commerce à l'agriculture : le caractère des souverains qui les avaient honorés de leur confiance, l'esprit du temps, les mœurs et les ambitions qui dominèrent alors, dûrent influer sur les actions de ces hommes également célèbres.

Plus attaché par sentiment que par devoir à son Roi, l'austère Sully, dépositaire des pensées nobles et généreuses du bon Henri, ne chercha à s'en prévaloir que pour lui offrir après les lauriers de la victoire, prix de tant de fatigues et de peines, quelques momens d'un repos non moins heureux pour la France que pour son Roi ; il pensa qu'opérer des défrichemens, multiplier les édifices ruraux, niveler le terrain pour en faire des terres arables, former des prairies, assainir des marais, c'était le meilleur moyen d'augmenter les ressources, de diminuer la misère, de faire naître les liens fraternels, et d'inspirer le sentiment de l'obéissance ; en un mot, en cherchant le principe de la force, il la trouva moins dans les hommes que dans les choses.

Si l'agriculture, cet art paisible, offre des biens plus réels et plus assurés que ceux du commerce, d'un autre côté, elle ne peut créer en peu de temps ces vastes ressources néces-saires à l'exécution de grandes conceptions : pour suivre Louis-le-Grand dans sa marche glorieuse, les moyens lents et limités au-raient été insuffisans ; il fallait donc chercher le Potose dans des ressources promptes et sus-ceptibles de se multiplier ; c'est dans le choix des moyens, plutôt que dans l'action pre-mière, qu'il faut contempler le génie de Col-bert ; son ministère fut marqué par une grande pénétration, et sur-tout par une grande ac tivité.

Non content de travailler pour son siècle, Henri IV imprima à Sully une volonté forte de léguer à la génération suivante les gages de sa haute prévoyance ; l'industrie prove-

nant des produits du sol fut encouragée par-
tout ; la culture du mûrier fut propagée dans
la plus grande partie du royaume, et l'on
bâtit à Paris la Place Royale , dans le but
d'établir dans de vastes salles des métiers de
draps d'or et de soie. Cette heureuse idée , en
favorisant le commerce intérieur et extérieur,
eût offert aux consommateurs du royaume et
aux étrangers tout ce que l'industrie française pouvait alors leur présenter de plus
précieux et de plus parfait.

Un apologiste de Colbert s'exprime ainsi :
« Colbert pensait que le premier agent des
» richesses est la terre, et que l'occupation
» générale des sujets est la vraie richesse
» de la nation, témoin la Hollande. » Aujour-
d'hui l'expérience a pu démontrer quels sont,
parmi les biens que Sully et Colbert recher-
chèrent, les plus sûrs et les moins exposés
aux événemens et aux vicissitudes de la fra-
gile existence de l'homme ; ces deux hommes
d'État reconnurent que, si les forces physiques de l'homme et celles de la nature ne sont
pas unies à l'action des facultés intellectuelles,

reux attribuent les mesures de restriction qu'il établit à la crainte de voir renaître les famines qui, à d'autres époques, avaient désolé la France. Quel qu'ait été le mobile du ministre de Louis XIV, ces entraves, qui ont arrêté la marche heureuse de l'agriculture, furent sans doute des mécomptes; mais ils ne peuvent effacer tout ce que ce grand homme a fait de sublime et de généreux.

Sully n'eut pas, comme Colbert, une route tracée par un prédécesseur, il ne put imiter personne, il dut être lui-même; son ministère, bien différent de celui de Colbert, commença par la disette et finit par l'abondance; une portion de l'or que le commerce faisait rentrer parvenait aux mains du cultivateur, et se transformait en valeurs reproductives; les nouveaux ornemens que la terre offrait tous les jours étaient un éloge muet de la sagesse et de la prévoyance du génie qui secondait de tout son pouvoir le roi Henri, afin de le rendre père de famille dans la paix, après qu'il avait été soldat dans la guerre.

Henri IV donna à son siècle l'empreinte
de son esprit e de ses mœurs; l'agriculture
et ses principes devinrent l'objet de l'étude
et les délices des hommes d'un rang élevé; lé
Monarque la considérant comme le premier
de tous les arts et le principe de toute prospérité, Sully arrosait les racines de l'arbre,
dont les autres arts n'étaient que les rameaux.
Sous ce règne, Olivier de Serres, seigneur de
Pradel, qu'à bon droit l'on peut nommer
le patriarche de l'agriculture française, fut
consulté sur les moyens de généraliser la
culture du mûrier en France, et ce fut d'a-
près de mûres délibérations que l'on créa,
en 1616, une commission chargée de reconnaître dans les généralités de Paris, Tours
et Lyon, si la terre et le climat étaient propres à la culture du mûrier; son rapport fut
affirmatif : alors on garnit les grandes routes et les chemins vicinaux de cette plante
exotique; on planta même le Jardin des Tuileries en mûriers, on y établit une pépinière, où l'on éleva vingt mille pieds de cet
arbre précieux, et l'on forma à l'extrémité

une *manganière,* ou bâtiment pour l'éducation des vers à soie.

Celui qui disait, « Un respect immodéré » pour l'antiquité, un jugement peu réflé- » chi sur le passé, le défaut de vues plus » nettes et plus justes sur l'avenir, est ce qui » éternise les anciens abus; il ne faut rien » changer aux lois et aux usages, hors le cas » où l'utilité, et encore plus la nécessité, de- » mandent qu'on y déroge, » Sully, craignait les idées de fantaisie en agriculture (car l'agriculture a aussi son luxe et ses écarts), Sully, dis-je, fut quelque temps opposé à ce qu'on appela alors la *mûriomanie* (1); mais il se rendit enfin à des opinions que sa résistance n'avait fait qu'éclairer, et alors les mesures furent prises, et les encouragemens prodigués, pour remédier aux effets d'un retard qui rendait la France tributaire des étrangers, et exposait son industrie à de funestes alternatives.

(1) Goût exagéré pour la culture des mûriers.

Telles étaient les vues de Sully; elles ten-
daient à accroître et à assurer la mesure de
bonheur que son maître voulait donner à
son peuple : les créations de ce ministre devaient prolonger au-delà de sa tombe leur influence, faire renaître le sentiment de l'a-
mour et du respect pour le grand Roi qui les
lui avait inspirées; les créations de Colbert
firent naître le sentiment plus froid de l'ad-
miration.

Parmi les nombreux apologistes de Colbert se présente aussi Voltaire. En rendant
hommage à sa mémoire, il établit un parallèle
entre ce ministre et Sully ; il sacrifie le
maître à celui qui mettait toute son ambition
à n'être que son imitateur : en effet Colbert
fit revivre les anciennes ordonnances de Sully; les mêmes réglemens sur l'agriculture furent promulgués sous son ministère; les mêmes encouragemens furent répandus (1). Si la
gloire d'un ministre dépend plus de ce qu'il
finit que de ce qu'il entreprend; si la posté-

(1) Voltaire (*Siècle de Louis XIV*, chapitre *Finances*)

rité le juge sur le bonheur qu'il a fait naître
plus que sur ses ouvrages éclatans; si son premier mérite est sur-tout dans le courage qu'il
a de dire au souverain la vérité, alors sans
doute Sully fut au-dessus de Colbert, et Voltaire, dans ses éloges, se laissa entraîner par
ses préventions, qui lui inspiraient un sentiment de préférence en faveur de celui qui
protégeait particulièrement la classe des hommes de lettres à laquelle il appartenait.

La vérité, délivrée des obstacles qui la re-
tiennent et des nuages qui l'entourent, arrive
sur les pas du temps; elle nous représente aujourd'hui le surintendant des finances de
Henri IV et le contrôleur-général des finances
de Louis XIV sous les traits qui caractérisent
leurs talens et leurs vertus : Sully, maîtrisant
son génie, s'attachait aux avantages fixes; il

---

appelle Henri IV un roi parcimonieux. Cette épithète ne
convenait pas à celui qui était le père de son peuple,
qui ne sut jamais résister aux larmes du malheureux,
et qui, dans un règne trop court, éleva, sans ruiner
l'État, beaucoup d'institutions utiles.

n'admettait que ces moyens lents et gradués qui, loin de tarir les ressources, laissaient toujours une épargne au profit de l'avenir. Colbert, dominé par l'impulsion violente de son époque, faisait naître le sublime et les talens, mais il en épuisait la source, et laissait dans son siècle un germe dont il ne fut pas donné alors à la prévoyance humaine de pouvoir calculer les développemens. Aux qualités de l'honnête homme, Sully et Colbert joignaient celles d'un dévouement absolu pour leur prince, d'un zèle infatigable pour la prospérité publique ; ils furent l'un et l'autre la Providence de l'État en s'élevant contre des abus, et leur mémoire mérite d'autant plus d'être honorée, que des événemens d'une nature différente, mais également malheureux, trompèrent leurs espérances, et firent évanouir le fruit de leurs estimables travaux.

ARTICLE PREMIER.

DU MURIER ET DE SA CULTURE EN FRANCE. — CAUSES QUI
L'ONT FAIT NÉGLIGER. — MOTIFS POUR FAIRE RENAÎTRE
LES ANCIENS ENCOURAGEMENS ACCORDÉS POUR LA PRO-
PAGATION DE CETTE PLANTE.

Le règne de Louis XIII ne fut pas fécond
en hommes occupés d'économie agricole. Ri-
chelieu, plus adonné à la politique qu'aux
arts utiles, ne suivit pas les idées de prévoyance de Sully; Mazarin, peu susceptible
de sentimens profonds, hors celui de la haine
pour ses ennemis, ne fut guère capable de
connaître cette sorte de gloire que l'amour de
la patrie invite à chercher au sein de la paix.
Ces deux ministres ne portèrent point leur
attention sur les produits attachés au sol,
produits qui ne peuvent être ni partagés ni
envahis, et qui remplacent avantageusement
les matières étrangères.

La vie de l'homme est trop courte, et l'histoire offre peu d'exemples de souverains qui,
comme Henri, aient su unir deux sortes de

gloire, celle d'acquérir et celle de conserver. Les vues de Sully, dans un intervalle de cinquante-deux ans entre la fin de son ministère et le commencement de celui de Colbert, avaient été abandonnées (1). Colbert, malgré ses immenses travaux, trouva encore du temps pour donner quelques pensées aux créations de son maître ; il sema des encouragemens et établit une prime de vingt-quatre sous pour chaque mûrier, qui fut payée à ceux qui en avaient une quantité déterminée ayant plus de trois ans de plantation.

Beaucoup de propriétaires embrassèrent avec empressement des idées bienfaisantes : on généralisa la culture du mûrier dans les provinces du centre et du midi ; Lyon, Nismes, Uzès, Montauban et Avignon, rivalisèrent dans leur industrie ; mais après la mort des propagateurs de vues si utiles, une suite de récoltes manquées produisit le décourage-

---

(1) Le ministère de Sully finit à la mort de Henri IV, qui arriva en 1610, et Colbert fut nommé intendant général des finances en 1662.

ment; on fut aussi prompt à abandonner ces
idées qu'on avait mis d'empressement à les
adopter; on attribua au climat et à la terre
des accidens qui appartenaient à l'ignorance
des méthodes, plus connues aujourd'hui; enfin le découragement suivit, et l'on porta la
hache impitoyable aux pieds de ces arbres
qui devaient enrichir le commerce et l'industrie.

Plus les cultivateurs sont ignorans, et moins
ils sont portés à tout ce qui exige de leur part
un changement d'habitude et de l'assujettisse-
ment; ils sont fatalistes; le succès n'est pas,
parce qu'il ne devait pas être; ces idées, à leurs
yeux, ne sont que de passage; leurs anciens
n'en cherchaient pas si long; il faut attendre
vingt ans avant d'obtenir un bon produit
d'un mûrier en plein vent; enfin lorsque le
refroidissement s'empare du cultivateur pour
des travaux qui lassent sa patience, il a aussi
sa logique captieuse pour couvrir ses fautes;
il voit avec une affection plus particulière
les produits qui se rapportent à ses besoins
ou bien à ceux des animaux qui lui servent

d'aides, ou encore à ceux qu'il engraisse pour
obtenir un produit dans peu de mois ; les lois
de l'hygiène, d'après lesquelles le ver à soie a
besoin d'être gouverné, sont au-dessus de son
intelligence ; plus il est ignorant, plus il a de
peine à en convenir ; et si son maître se
trouve éloigné de lui, il ne manque pas d'ac-
cuser la terre ou le climat des erreurs qu'il a
commises.

Les attraits du luxe qui maintenaient autour d'une cour brillante les arts d'éclat, ex-
cités à produire leurs plus grands efforts, dûrent, sous Louis XIV, l'emporter sur l'agriculture ; on vit naître plus de Térence que de
Virgile, et les grands propriétaires, éloignés
de leurs terres, oublièrent, au milieu de nombreuses distractions, que le luxe doit être un
des effets de la prospérité, et qu'il ne peut en
être la cause ; que les hommes, leurs talens
et leurs capitaux peuvent émigrer, laisser la
production au-dessous des besoins, et entraîner avec eux l'aisance.

Climat qui convient au mûrier.

Le climat tempéré de la France, et son atmosphère bien plus pure que celle de beaucoup de contrées de l'Italie, telles que le Crémonais, le Mantouan, le duché de Parme, et quelques parties du Piémont où l'on sème le riz, conviennent à la culture du mûrier; cet arbre peut s'acclimater par-tout où la vigne croît; on le cultive aujourd'hui jusqu'en Prusse; les terres légères lui conviennent plus que les sols tenaces; cependant avec quelques soins lors de la plantation, on peut aussi l'élever dans les terres fortes, sur-tout si elles ont au-dessous de la couche première, des lits de sable ou de gravier ou même de pierres non compactes, entre les fentes desquelles le pivot et les grosses racines vont ordinairement chercher leur point d'appui et leur nourriture.

Origine du mûrier en Europe et en France.

Mengotti rapporte que le commerce des soies fut toujours très-désavantageux pour les Ro-

mains, que les sommes qu'ils dépensèrent pour
se procurer des soies jusqu'à l'empereur Jus-
tinien furent immenses, que ce fut sous le règne
de ce prince que des moines transportèrent des
Indes dans la Grèce les œufs des vers à soie;
ce qui fait supposer que déjà le mûrier existait en Grèce (1). Sous Charles VIII, des sei-
gneurs qui avaient suivi ce prince dans les
guerres d'Italie en rapportèrent le mûrier;
le Roi créa des pépinières; selon Mézerai, on
remarqua que Henri II fut le premier qui
porta des bas de soie à la noce de sa sœur. De
Charles VIII à Henri II, il y a un intervalle de
soixante-quatre ans. On voit avec quelle len-
teur marchait, à ces époques, l'industrie agricole. Cependant Charles VIII apporta tous les
soins possibles à la propagation du mûrier en
France; il fit venir des étrangers pour le cultiver, et donna à Jean le Calabrois une demeure dans son parc du Plessis-les-Tours, afin
qu'il s'occupât de la culture de cet arbre et de
l'industrie qui en dépend (2).

---

(1) *Del commercio dei Romani*, par Mengotti.
(2) Il y a des auteurs qui disent que ce fut Louis XI,

Olivier de Serres dit que l'on planta beaucoup de mûriers à Moulins et à Tours ; ce qui prouve que, sous Henri IV, on avait généralement reconnu que les bords de la Loire étaient favorables à la propagation de cet arbre.

Louis XVI fit aussi établir des pépinières dans diverses provinces ; Turgot seconda ses vues, mais alors d'effrayans symptômes annonçaient nos troubles civils, et l'industrie agricole se fonde difficilement lorsqu'elle ne trouve qu'un avenir incertain.

Observations générales sur la culture du mûrier en France.

Si l'on contemple les masses de terre cultivées sur la surface du globe, si l'on remonte à ce qu'elles étaient il y a soixante, cent et deux cents ans, on reconnaîtra que les fa-

---

père de Charles VIII, qui appela Jean le Calabrois et d'autres étrangers dans son royaume, pour la fabrique des soies ; je préfère m'en tenir à ceux qui désignent Charles VIII, parce que son époque s'accorde avec celle de l'introduction du mûrier en France.

2.

veurs de la nature ne sont une mine féconde
qu'autant que l'homme sait l'exploiter à son
avantage, et que, par conséquent, c'est une
erreur d'affirmer qu'une culture ne peut réus-
sir, parce qu'anciennement l'ignorance, ou
le défaut de fixité dans les idées, l'a fait
abandonner.

L'Alsace, il y a quatre-vingts ans, ne con-
naissait pas la culture de la garance; ce fut
M. Hoffmann qui l'introduisit dans cette province; il se ruina; il eut des ennemis et des
préventions à combattre : aujourd'hui c'est
une des branches principales du commerce de
cette contrée (1). Cet exemple prouve que si
des essais ont pu être funestes à ceux qui les
ont tentés, il ne faut pas en conclure que
l'idée fût mauvaise, et les accidens qui arrivent souvent dans l'exécution des vues utiles
de cette nature démontrent combien la pro-

---

(1) Il y a aujourd'hui, à Strasbourg, huit ou dix maisons très-opulentes qui ne font pas d'autre commerce
que celui de la garance, qui était inconnue dans ce
pays à l'époque indiquée.

tection et l'intervention du Gouvernement
sont nécessaires pour lever les obstacles qui
s'opposent à leur accomplissement.

Dans le royaume de Naples on ne connais-
sait pas, il y a quarante ans, la culture du
coton, aujourd'hui les Deux-Siciles en produisent pour plusieurs millions par an.

Le mûrier, plante exotique naturalisée en
Europe, y vient avec une force de végétation
relative à la nature du sol et au climat; il est
peu d'arbres qui aient autant de vigueur; mais
il en est peu aussi qui exigent autant la
connaissance des lois de la physiologie végétale; sa culture exige des soins particuliers
dans ses différens âges, et le produit qu'il
donne est toujours en raison de ces mêmes
soins.

A une époque où les sciences physiques
n'avaient point encore fait les progrès qui
ont maintenant amené tant de succès dans
les arts utiles, la culture du mûrier et l'éducation du ver à soie ont dû nécessairement
éprouver des accidens irréparables : alors
l'Italie et l'Espagne, dont le climat est, je ne

dirai pas plus favorable au mûrier que celui de la France, parce que je crois que l'atmosphère tempérée est essentiellement convenable à cet arbre, comme j'essaierai de le démontrer à l'article qui va suivre; l'Italie, dis-je, et l'Espagne, quoique leurs climats se rapprochent plus que le nôtre de celui d'où vient le ver à soie, ont cependant vu aussi, quelque temps, la culture du mûrier dégénérer, et leurs habitans découragés par une suite de non-succès.

En Italie, cette culture était réduite aux plaines du Piémont, aux plaines et coteaux du Milanais, à celles des États Vénitiens, de Parme et de Modène, à quelques cantons de la Toscane, du pays de Lucques et à la Calabre; maintenant le mûrier est planté jusqu'en Savoie; de nouvelles épreuves ont démontré que, dans beaucoup de contrées où sa culture était proscrite par des préjugés qui s'étaient transmis aux époques où tout dégénérait, il a parfaitement réussi; enfin je peux assurer que depuis la propagation des méthodes de Dandolo sur l'éducation des vers à soie,

et de celles de quelques autres naturalistes, tels
que le comte Verri, qui a publié un recueil de
préceptes sur la culture du mûrier, les récoltes de soies de l'Italie ont triplé sans que le
prix de la denrée ait éprouvé des variations
sensibles, parce que la consommation va en
raison de la production et de la civilisation.

Plusieurs contrées de l'Espagne ont abandonné la culture du mûrier ; elle ne se soutient plus que dans les royaumes de Valence,
de Grenade et d'Andalousie. M. Regis dit que
la ville de Valence a entretenu jusqu'à seize
mille ouvriers en soie, et que maintenant elle
n'en a pas deux mille.

La France vit, sous les règnes heureux et
florissans, cet arbre prospérer non-seulement
dans la Provence, le Languedoc, le Dauphiné
et le Vivarais, mais encore dans les Cévennes;
sur les bords de la Loire, depuis Tarare
jusqu'à Nantes, et dans toutes les provinces
du centre, là où un sol léger et gras favorisait sa végétation.

Non-seulement le climat tempéré est très-
propre à la culture du mûrier, parce que

sous cette zone sa végétation étant plus lente,
ses feuilles acquièrent plus de développement, mais encore il convient beaucoup à
l'éducation du ver à soie, parce que cet
insecte textile, en s'éloignant de sa nature
primitive, est devenu plus sensible à l'excès
de la chaleur qu'au froid; car le froid ne
fait que le retarder, au lieu que la chaleur
fait fermenter les litières humides sur lesquelles il est, provoque les épidémies et le
tue : il faut donc, pour obtenir de notre sol
des ressources qui mettent nos fabriques à l'a-
bri des besoins de l'étranger, qu'il y ait parmi nos cultivateurs quelques hommes assez
instruits sur les détails dont je ne peux par-
ler que succinctement, à cause de la diver-
sité des matières qui forment l'objet de ces
recherches; j'ai dû me renfermer dans l'intention de présenter au lecteur les considérations les plus essentielles, et non pas de lui
offrir des traités, afin de déterminer son opinion sur une question qui touche à nos garanties sociales; à une époque où les suites
de grands maux exigent de grands sacri-

fices, il faut de grands efforts pour éviter
que nos ressources, restant en arrière de nos
besoins, n'altèrent les élémens de la paix
et de la prospérité.

Du mûrier dans la pépinière.

De toutes les terres qui sont propres à former une pépinière, il n'y en a pas de meilleure
que celle d'une prairie retournée, après avoir
fait le semis d'une manière aussi égale que
possible, ce à quoi l'on parviendra en mê-
lant la graine avec du sable; le semis fait, on
aura soin de battre la terre avec une pelle
de bois ou de fer : car, sans cette précaution,
les fourmis et les vers la dévorent ordinairement.

On peut semer au milieu de l'été, immédiatement après que le fruit du mûrier, dont
on retire cette graine, est récolté; le succès
aura lieu, si les gelées d'hiver ne sont pas hâtives et trop rigoureuses, et si la jeune plante est
arrivée avant l'hiver à l'état ligneux. La meilleure méthode pour un pépiniériste est celle
de semer dans les deux saisons; les jeunes

arbres qui sont les plus beaux doivent être
mis en réserve pour en faire des mûriers en
plein vent, et ceux qui sont restés en arrière
peuvent servir pour former des haies de mûriers ou des taillis; il n'est pas mal que le
semis soit fait un peu épais ; il y a même
des pépiniéristes qui sèment les graines de
mûres avec de la graine d'aunes , parce
que ces derniers, ayant un feuillage plus
touffu, protègent les jeunes mûriers contre
les grandes chaleurs de juillet et d'août, qui
souvent dessèchent l'écorce très-tendre de
ces arbustes, et forment ce qu'on appelle
une écorce écailleuse, ce qui est un préjudice pour l'arbre, et donne toujours à croire
qu'il n'aura pas une belle végétation.

Depuis trente ou quarante ans, l'on compte
bien peu de ces hivers rigoureux où tous les
fleuves de France, ceux d'Italie, et même quelques parties de l'Adriatique et de la Méditerranée entraient dans un état de congélation.
L'*Annuaire du bureau des longitudes de* 1825
cite l'année 1709, où à Gênes, à Marseille,
à Cette et à Venise, l'Adriatique et la Médi-

terranée gelèrent. Alors le thermomètre était descendu, à Venise, à vingt degrés de centigrades (suivant l'Académie, année 1749). Mais, sans s'attacher à déduire des conséquences d'après les instrumens météorologiques, qui furent long-temps très-inexacts, on peut suppléer aux observations directes en prenant dans les divers auteurs les passages relatifs aux phénomènes naturels, et en conclure que l'agriculture permet aujourd'hui, avant l'hiver, des travaux qui autrefois eussent été des erreurs. L'agriculteur italien assure que les plantations faites en automne gagnent un an sur celles faites au printemps, et qu'elles ont aussi un succès plus assuré.

Après deux ans de semis, les jeunes plantes sont ou transplantées dans une pépinière destinée à former ce qu'on appelle des mûriers en plein vent, ou employées pour faire des haies ou des taillis. Quant à la pépinière de mûriers en plein vent, elle doit être, autant que possible, placée au nord, et garantie. par des abris contre le soleil brûlant du midi, parce que le mûrier, dans son premier âge, ayant l'écorce très-tendre, a besoin de préservatifs contre le soleil desséchant des mois de juillet, d'août et de septembre; il faut même, lorsqu'il est sorti de la pépinière pour être planté à demeure, avoir le soin de tenir la tige de l'arbre couverte de paille, de maïs ou de froment, pendant trois ou quatre ans : c'est le seul moyen d'avoir de beaux arbres.

J'ai exposé page 10, en parlant de l'insouciance du paysan pour une branche de culture qui ne lui promet pas des résultats prompts, qu'il fallait vingt ans avant qu'un mûrier arrivât à toute la force de son produit : on ne doit pas induire de cela qu'il faudra attendre vingt ans avant d'obtenir de cet arbre un revenu; car on le cultive de trois manières différentes : dans un domaine rural destiné à l'éducation des vers à soie; il conviendra toujours d'élever des mûriers *en haie, en taillis et en plein vent.*

Des mûriers en haie.

Le mûrier en haie présente plusieurs avantages; sa feuille est plus précoce, plus ten-

dre que celle du mûrier en plein vent ; elle
est donc meilleure pour les vers à soie dans
leur premier âge ; les femmes et les enfans
peuvent la cueillir ; de là économie de main-
d'œuvre. On plante ordinairement ces haies
sur deux lignes; on entrelace les branches
horizontales pour garantir le champ que la
haie protège, et l'on a soin, pendant les premières années, de les garnir d'épines pour
les défendre de la dent des animaux à pâture, qui tous, jusqu'aux porcs, sont très-
friands de cette nourriture. Sans cette précaution, on n'obtiendrait aucun résultat ;
car les jeunes arbustes étant déracinés et leur
écorce étant déchirée, ils périssent bientôt.

Les haies qui sont dans une exposition au
midi, ou devant un mur qui excitera leur
prompte végétation par la répercussion de la
chaleur, offrent toujours des produits plus
précoces.

Il ne faut enlever la feuille des mûriers en
haie qu'après trois ans de plantation, et si
l'on s'aperçoit que ce premier tribut exigé
d'eux les a trop affaiblis, il est bien de

les laisser reposer une année; je crois pouvoir établir pour principe fondé sur des
expériences que j'ai faites moi-même, qu'il
convient de ne dépouiller les jeunes arbres
qu'une fois tous les deux ans; on obtient,
d'après ce calcul, presque autant de produits,
et l'on conserve davantage l'espoir de l'a-
venir, considération qui ne laisse pas d'être
importante pour ceux qui veulent travailler
en pères de famille.

Quant à la taille et à la greffe des mûriers
en haie, l'agriculteur aura à se diriger pour
la première suivant leur qualité végétative,
qui dépendra beaucoup de la richesse du terrain sur lequel ils sont plantés; en règle générale; on peut les recéper tous les trois
ans. Quant à la greffe, les opinions sont di-
visées à cet égard; le mûrier sauvage offre
une feuille meilleure, mais elle devient
promptement épineuse et produit peu. Le
mûrier greffé offre une feuille moins bonne
et produit beaucoup plus. Mon opinion est
qu'il vaut mieux les greffer, parce qu'alors
leur feuille, quoique inférieure, est plus ho-

mogène avec celle dont les vers à soie doivent se nourrir pendant leurs différens âges.

Des mûriers en taillis.

Le but des propriétaires et celui des fermiers étant d'obtenir des résultats présens,
et qui ne soient point au détriment de l'a-
venir, les produits des mûriers en haie et de
ceux en taillis laissent le temps à la feuille
des grands arbres de prendre tout son développement; cinq ou six livres de feuilles nouvelles représentent plus de cent livres de feuilles à complète maturité, et les branches des
grands arbres, plus difficiles à émonder, reçoivent un dommage considérable quand on les
effeuille avant que le bois soit mûr, parce
que leur écorce, très-tendre, s'enlève avec la
feuille, et occasionne à la branche une
perte de ses fluides, ce qui souvent la fait
périr.

Les mûriers en taillis doivent être disposés sur des lignes parallèles, afin que l'on
puisse labourer dans les intervalles; leur culture, la greffe, leur effeuillage, enfin les

soins qu'ils exigent, sont les mêmes que
pour les mûriers en haie ; mais comme il s'a-
git d'obtenir deux produits, celui de la
feuille et celui du bois, on ne doit recéper
ces taillis que tous les cinq ans dans les
bonnes terres, et une fois tous les sept ans
dans les fonds médiocres.

On pourra toujours semer du grain, des
pommes de terre et autres produits dans les
intervalles qui se trouveront entre les lignes
parallèles, sans craindre que le soc de la
charrue ne détruise les racines horizontales,
parce que le manque de culture pour ces arbres est toujours un plus grand préjudice
que celui que peut leur occasionner la rup-
ture, par le labour, des racines chevelues et
horizontales. Ces arbustes donnent, pour
soutenir la vigne, un excellent bois qui dure
plus que le chêne.

Du mûrier en plein vent.

Il faut avoir l'œil excercé à l'estimation
des mûriers à plein vent, pour pouvoir déterminer l'évaluation et la quantité de livres

de feuilles qu'ils peuvent donner. Sans l'habitude, on ne peut se former une juste idée
du volume qu'embrasse un grand arbre dans
sa circonférence ; on est toujours trompé
en bien quand on estime de beaux et grands
arbres, et on l'est en sens contraire quand
on estime des arbres chétifs et mal venus,
qui n'ont pas reçu les soins que réclame cet
arbre exigeant.

Des naturalistes ont appelé le mûrier *le
prudent*, parce que sa feuille est toujours la
dernière à paraître au printemps, et la première à tomber dès que les vents froids se
font sentir ; cet arbre indique, en cela, son
origine, et démontre que, quoique acclimaté
dans nos contrées, il est toujours plus sensible au froid que les plantes indigènes.

Si la France, comparée à l'Italie, offre un
degré de chaleur moins élevé à l'époque où
la feuille du mûrier se développe, il est aussi
vrai de dire que les gelées du printemps
sont en Italie plus fréquentes ; que, dans
cette dernière contrée, des orages agglomé-
rés viennent souvent détruire les récoltes de

2.   3

ses vallées fertiles, et qu'alors on est obligé d'attendre que les mûriers forment de nouvelles pousses, pour obtenir un produit : dans ce cas, il y a vingt ou vingt-cinq jours de retard.

En 1822, dans le Piémont et la Lombardie, la première pousse des mûriers gela, ce qui n'arriva pas en France ; les cultivateurs prévoyans, qui ont toujours en réserve des œufs de plus qu'il ne leur en faut, abandonnèrent ceux qu'ils avaient fait porter dans ce qu'on appelle la *chambre chaude* pour les faire éclore, ils en remirent d'autres plus tard ; les mûriers formèrent de nouvelles pousses ; on remédia à l'accident qui semblait avoir détruit tout espoir, et la récolte fut sauvée ; après l'effeuillage, les mûriers furent émondés, pour détruire les branches cassées ou épineuses, et après avoir déjà donné leurs jets à deux époques différentes, ils n'en formèrent pas moins de nouvelles pousses ; ils se garnirent de nouvelles branches et de nouvelles feuilles en automne. Il faut que la force végétale de cet arbre soit bien grande, sur-tout quand elle est secondée par les soins qu'on lui donne, puisque, dans les circonstances dont je parle, il produisit trois fois de nouvelles feuilles dans la même année.

Rien n'est plus utile pour le propriétaire que la formation d'une pépinière, dans laquelle il entretient les arbres qu'il doit planter à demeure ; car les pépiniéristes, plus avides de vendre que de bien servir l'acheteur, considèrent le temps qu'il leur faudrait employer pour arracher un arbre avec toutes ses racines; ils coupent le pivot de l'arbre, disent qu'il est inutile, suppriment beaucoup de racines latérales, et plantent un grand végétal comme l'on planterait un chou ; les préceptes pour la plantation étant ainsi violés, il ne faut plus s'étonner si l'on n'a pas de beaux arbres. La nature a donné aux arbres deux points d'appui dans leurs racines : la racine perpendiculaire ou le pivot, qui va chercher jusque dans les fentes des rochers son appui et sa nourriture, et parcourt la terre en ligne droite ou oblique,

3.

suivant les obstacles qu'elle rencontre; et les racines horizontales, qui parcourent la surface du terrain. On sent que, si l'on détruit, en plantant un mûrier, son premier point d'appui, le pivot, les racines horizontales étant susceptibles d'être déchirées par le soc de la charrue lorsqu'on laboure, la plante éprouve un ébranlement funeste, elle ne répond plus aux soins qu'on lui a donnés, elle végète tristement et elle meurt.

Le mal que beaucoup de pépiniéristes font aux arbustes en supprimant le pivot et les grosses racines qui forment leurs attributs les plus essentiels n'est pas le seul qui nuise au succès des plantations; les cultivateurs, autrefois, ne plantaient les arbustes que lorsque les racines étaient à moitié desséchées, et ceux qui sont restés dans la vieille routine font encore aujourd'hui cette faute: alors l'arbre est retardé par la difficulté qu'il éprouve pour réacquérir ses principes absorbans; il a perdu de sa vitalité. Ces accidens qui, dans une grande exploitation rurale, entraînent des conséquences graves, en ce que le temps, le capital et le travail des hommes se trouvent sacrifiés en pure perte, démontrent combien il est utile qu'un propriétaire ait ses pépinières dans son domaine même.

Les mûriers en plein vent ont besoin d'être arrachés et plantés avec les soins indiqués dans les traités spéciaux sur cet arbre, source de richesse des contrées méridionales (1). Dans les végétaux comme dans les animaux, la durée de l'existence dépend des règles qui ont été suivies dans le premier âge. Quand un mûrier a passé trente ans dans des fonds d'une bonne qualité, l'on calcule qu'alors le terme moyen de sa vie est de

─────────────

(1) Les auteurs les plus modernes qui ont traité de la culture de cet arbre sont l'abbé Rozier, en France, et le comte Verri, en Italie. Il serait à désirer que leurs travaux reçussent de plus grands développemens, qui formeraient un traité complet, afin que les fermiers ou les propriétaires pussent, le livre à la main, diriger leurs pépinières et leurs plantations, et trouver dans un traité complet toutes les leçons nécessaires pour bien diriger tous les travaux qui se rattachent à cet arbre précieux.

soixante ans. Plusieurs auteurs qui ont parlé
de la vie de l'homme soutiennent que le
terme moyen de celui qui a passé trente ans
est aussi de soixante ans.

Les principaux préceptes de culture des
mûriers en plein vent se réduisent à quatre : culture au printemps et en automne,
soins pour la taille et pour l'émondage, attention lors de l'effeuillage, et secousse à éviter
au moyen d'échelles qui n'appuient pas sur
les jeunes tiges.

Si ces arbres n'ont pas été greffés dans la
pépinière, il faudra, après deux ans écoulés
depuis qu'ils auront été transplantés , les
greffer, soit par la méthode *en couronne*,
soit par celle *à œil dormant*, soit par celle
dite *en flûte* ou *à chalumeau*. La dernière est
le plus généralement suivie, parce que, si
elle vient à manquer, il reste toujours un
sauvageon, qui donne de nouvelles pousses
et qui permet, un ou deux ans plus tard, de
renouveler l'opération. Quant à la greffe en
couronne, qui consiste à couper entièrement
la tête de l'arbre et à superposer entre le li-

ber et le parenchyme quatre petites branches taillées de mûrier franc, cette opération réussit ordinairement dans les printemps
secs et chauds ; mais si la saison est contraire,
ou que quelques animaux viennent à toucher
à ces greffes, alors l'arbre est exposé à périr.

Le mûrier blanc est celui dont la culture
est généralement adoptée ; il y en a de plusieurs espèces, qui toutes conviennent pour
l'éducation du ver à soie ; dans les départemens vénitiens, on distingue les deux principales : la première, sous le nom de *foglia
doppia*, et la seconde, sous le nom de *foglia
zucchera.* La première est plus abondante,
mais la substance qu'elle renferme se trouve
délayée davantage dans un véhicule aqueux ;
la seconde est plus rare, mais les vers à
soie qu'elle nourrit font une soie fine et
des cocons qui pèsent davantage. Cependant, tous avantages et inconvéniens com-
pensés, il conviendra toujours mieux de cultiver des mûriers greffés avec des branches détachées de ceux de la première qualité, parce
que si celle-ci contient moins de gomme ou de

principe soyeux, cette différence, très-peu
sensible, est bien compensée par la quantité
de feuilles qu'elle donne, et que, d'ailleurs,
dans les années de sécheresse, elle réunit
l'abondance à la qualité.

Mûriers destinés à servir d'avenues de promenades et d'ornemens champêtres.

Le vert de la feuille du mûrier est un des
plus beaux que l'on trouve dans la nature ;
cet arbre, bien cultivé, peut former de belles
avenues et même des promenades ; j'ai dit
que, sous Henri IV, le jardin des Tuileries en
avait été planté ; l'on peut en garnir les routes et les chemins vicinaux ; il ne forme point
un ombrage pernicieux pour les moissons.

Le célèbre comte Vincent Dandolo, dans sa
belle retraite de Varèze, ayant voulu faire à
la ville un don qui eût un but d'utilité et de
charité, a fait élever à ses frais une très-belle
promenade plantée de mûriers ; au printemps, ces arbres sont ébourgeonnés, la
feuille est vendue au profit des pauvres, et
pendant toute l'année le public jouit de cette

promenade, à l'entrée de laquelle on devrait graver cette devise : *Utile dulci.*

De l'écorce du mûrier et utilité de son bois.

L'écorce du mûrier contient une substance textile avec laquelle on peut faire des cordes; on sait que les habitans du Nord emploient l'écorce du bouleau pour faire des espadrilles, ne pourrait-on pas se servir de l'écorce du mûrier pour le même objet? Il faut que l'Académie des sciences ait bien reconnu que l'on pouvait en tirer parti; car elle a proposé, pour prix à décerner en 1825 et 1830, *Fabrication du papier avec l'écorce du mûrier.*

Quant au bois du mûrier, sa pesanteur spécifique est à-peu-près celle du chêne; en Italie, il est classé parmi les bois de chauffage que l'on appelle bois forts; il sert à entretenir les fourneaux pour les filatures de soie; quoiqu'il ait beaucoup de nœuds, on en fait aussi quelquefois des tonnes, mais il ne peut être employé, dans aucun cas, pour les constructions rurales.

*Culture des mûriers, considérée sous le rap-
port des ressources qu'elle offre aux propriétaires, et des avantages qu'elle répand
dans la campagne en y multipliant le
travail.*

Le propriétaire qui ne veut pas entrer dans
les détails de l'éducation des vers à soie trouve
toujours sa feuille à vendre sur pied. J'ai vu,
dans des années de cherté, à la vérité, de beaux
arbres dont la dépouille a été vendue de
soixante-quinze à quatre-vingts francs; mais
on peut compter qu'année commune le produit d'un beau mûrier doit valoir vingt-quatre
francs. Ainsi le propriétaire qui a dans son
domaine cent pieds d'arbres de cette nature
peut compter sur un revenu annuel de cent
louis, qui est toujours indépendant de celui
des céréales, des prés, des vignes, des fruits
et autres espèces de récoltes. xiii. iii.

Les Italiens nomment *produits de cime* ou
de superficie les récoltes de la feuille, du bois,
des fruits et de la vigne, et *produits de fonds*
les récoltes en blé, maïs, riz, avoine, et celles

des prairies; il y a beaucoup d'établissemens ruraux où le revenu de la feuille surpasse tous les autres.

Lorsque la saison n'a pas été inconstante, la consommation de la feuille du mûrier est moins grande; tous les animaux de trait peuvent en être nourris, et si on laisse la feuille sur l'arbre, on obtient un produit plus considérable l'année suivante; car le mûrier qui n'a pas été ébourgeonné laisse des jets plus forts et donne plus de feuilles; il y a donc toujours de la prudence à s'assurer d'une quantité de feuilles qui excède les besoins.

La culture de l'arbre précieux, et l'œuvre du ver à soie que ses feuilles nourrissent, en passant par une multiplicité d'opérations, dont la plupart ne peuvent être faites par des mécaniques, mais avec les bras des hommes, semblent devoir être indiquées pour rétablir, dans beaucoup de cantons, la main-d'œuvre, dont la privation engendre la misère.

On ne peut se dissimuler que l'invention des mécaniques n'ait détruit la balance entre les besoins du producteur et ceux du consommateur : c'est cet accident qui a fait élever chez les Anglais l'impôt pour les pauvres de quatre à dix millions sterlings ; mais quelle est la Puissance qui voudrait suivre ces insulaires dans leurs systèmes économiques ?·

Les moyens naturels qui se présentent pour employer une partie du superflu des bras de l'agriculture se trouvent dans l'agriculture même ; la culture des mûriers, depuis la première pépinière jusqu'aux gros arbres, leur effeuillement, les soins pour faire éclore les vers à soie, les détails et les attentions qu'exige leur éducation, ensuite la filature de la filoselle et de la soie ; enfin il n'est aucun produit qui offre un travail plus multiplié et plus à la portée de tous les âges que celui du mûrier blanc ; il semble qu'il a été créé particulièrement pour donner aux femmes et aux enfans une occupation à la portée de leur âge, de leurs forces et de leur sexe ; pendant une bonne portion de l'année.

Les femmes et les enfans ébourgeonnent les mûriers en haie et en taillis, émondent et taillent les feuilles, les transportent à la man-

ganière, donnent à manger, changent les tablettes, les portent sur les rameaux quand,
après leur quatrième mue, ils sont à maturité :
ce premier travail fini, les hommes émondent
les grands arbres qu'ils ont effeuillés ; les
femmes filent les cocons, et les enfans le
fleuret.

La soie filée, l'industrie commerciale s'en
empare ; l'ourdisseur, le teinturier, le fabricant, le commerçant, tous sont occupés de ce
riche produit, qui laisse toujours où le génie
de l'agriculture sait le fixer des ressources
utiles et alimentaires.

Les mûriers plantés dans les terrains secs
et sur les hauteurs offrent une feuille moins
abondante, mais plus nutritive ; dans les années humides, celle-ci aura la préférence sur
celle qui se récolte dans les bas-fonds ; dans
les années de sécheresse, la feuille des mûriers dans les bas-fonds offrira les qualités re-
quises ; on voit donc, d'après cette analyse,
que les accidens de l'atmosphère influent sur
la qualité de la feuille, et qu'un propriétaire
qui aura dans son domaine diverses exposi-

tions et diverses natures de terre fera bien
de faire des plantations dans toutes ces situations, parce que ce qui se présentait, une année,
comme un mal, devient souvent un bien l'année suivante. Ces observations, qui sont faites
pour exciter la prévoyance, ne doivent point
décourager ceux qui n'ont qu'une seule classe
de terre : car en suivant avec soin les théories
qui sont aujourd'hui en pratique, et qui ont
été publiées par le célèbre comte Dandolo,
l'on pourra prévenir beaucoup d'inconvéniens.

ARTICLE II.

DES VERS A SOIE. — HISTOIRE, SELON L'ORDRE CHRO-
NOLOGIQUE, DU VER A SOIE. — RECHERCHES SUR LES
CAUSES QUI ONT RETARDÉ SON INTRODUCTION EN ITALIE
ET EN FRANCE, ET SUR CELLES QUI, DANS LE DERNIER
SIÈCLE, ONT FAIT, A DIVERSES ÉPOQUES, ABANDONNER
OU NÉGLIGER CETTE BRANCHE D'ÉCONOMIE AGRICOLE ET
MANUFACTURIÈRE.

D'après les récits de beaucoup d'auteurs,
les vers à soie, ou les œufs qui les renferment,
furent apportés de la Chine en Grèce par des
moines, sous le règne de l'empereur Justi-

nien, au commencement du sixième siècle,
vers l'an (1). 530

Roger le Conquérant, premier roi
de Sicile, lors de son expédition contre
Manuel Comnène, fit transporter de
la Grèce dans son royaume des mûriers, des œufs de vers à soie, il fit
même venir des paysans et des fabricans pour les soieries vers l'an 1146

Ce fut sous Charles VIII, roi de
France (comme je l'ai dit à l'article
Mûrier), lors de l'expédition que ce
prince fit en Sicile, que furent introduits en France le mûrier et l'insecte
auquel il donne la nourriture, vers
l'an. 1485

Ainsi, un intervalle de neuf cent cinquante-
cinq ans sépare l'époque où les vers à soie
furent introduits en Grèce de celle où ils le
furent en France.

Il y a donc trois cent quarante ans que la

---

(1) M. Sismonde de Sismondi, *Agriculture Toscane*,
dit que ce fut de l'an 527 à l'an 561.

France est en possession de la culture du mûrier, des vers à soie, et du commerce qui en
dépend ; on a vu, durant cet intervalle, cette
culture et ce commerce, tant en France qu'en
Italie, suivre un mouvement d'avancement ou
de rétrogradation, d'après le caractère des diverses époques et des divers règnes qui figu-
rent dans l'histoire de ces deux pays : ainsi
cette branche d'industrie agricole et manufacturière fut donc aussi un thermomètre politique.

En 1801, M. de Sismondi, de Genève, dans
l'ouvrage cité sur l'agriculture de la Toscane,
s'exprimait ainsi :

« La manufacture de soie est depuis long-
» temps en décadence ; les paysans continuent
» d'élever des vers à soie uniquement parce
» qu'ils ne peuvent se déterminer ni à renon-
» cer à leurs vieilles habitudes, ni à substituer
» des arbres fruitiers à leurs mûriers ; cepen-
» dant, depuis plusieurs années, les profits ne
» paient pas à beaucoup près leur travail,
» lors même qu'il ne leur arrive pas de mal-
» heurs. . . . .

» Ces vers sont sujets à tant de maladies et
» d'accidens ; la moindre négligence leur est si
» fatale ; l'échauffement de la litière, les rats,
» les poules, la pluie, les tonnerres, sont fu-
» nestes à un si grand nombre, que le paysan
» peut s'estimer heureux lorsque, sur quatre
» années, il a su trois fois les amener à bon port.
» Les cocons se vendaient autrefois de trente-
» cinq à quarante sous la livre ; ils sont tom-
» bés, depuis plusieurs années, à vingt-quatre
» ou vingt-cinq sous, et, dans le même temps,
» toutes les denrées ont doublé de valeur. »

Dans ce passage, M. de Sismondi peint
bien l'état de l'art à l'époque où il écrivait ; il
dit : « L'échauffement de la litière, les rats, les
poules, etc. » Tous ces accidens provenaient
de l'incurie des paysans. « La pluie, les tonnerres, sont si funestes à un grand nombre... »
On prévient les accidens de la pluie, en ayant
soin de faire toujours cueillir beaucoup de
feuilles lorsqu'il fait beau temps ; quant au ton-
nerre, il influe sur ces animaux par la qualité de
l'air qui le précède ; mais on connaît maintenant le moyen de raréfier l'air par les feux de

flamme et les procédés de Guyton-Morveau.

[‡] A l'époque où écrivait M. de Sismondi, le pain était excessivement cher ; l'Italie venait d'être le théâtre de la gloire française, mais il n'y avait encore rien de fixé ; l'Italie attendait son sort, et dans les crises politiques, quand un ordre est interrompu, cette lacune qui se trouve entre un régime ancien et celui qui succède est souvent aussi funeste que la guerre même; l'Italie devait s'en ressentir, et le tableau que je cite le prouve. D'autres causes plus anciennes avaient commencé à opérer graduellement dans la péninsule italienne un nouvel état de décadence; Rome avait perdu une grande partie des immunités qui l'avaient rendue riche par les tributs des puissances chrétiennes; la république de Venise n'était plus qu'un fantôme de puissance; tout tombait en désuétude; les crises se manifestèrent, elles éclairèrent plusieurs hommes sur les véritables intérêts économiques de l'Italie.

Le comte Vincent Dandolo, qu'à bon titre l'on peut nommer le Parmentier de l'Italie, a su opérer un heureux changement dans les habitudes, dans les mœurs et dans le système économique de ses compatriotes; et quoique ces trois idées ne se présentent pas sous une même synonymie, on verra néanmoins par ce qui suit qu'elles ont entre elles une corrélation nécessaire.

Le luxe et les arts d'éclat avaient marché en Italie, comme en France, plus rapidement que la production; la plus grande partie des propriétaires étaient endettés, vivant sous le joug des habitudes et des préjugés; un stupide orgueil les empêchait de veiller à leurs intérêts; les connaissances leur manquaient, et beaucoup de familles se trouvaient dans une position tout-à-fait fausse lorsque les troubles politiques survinrent. La présence des étrangers causa des maux et du bien; les habitudes changèrent, les idées d'éducation se modifièrent, et l'on n'attacha plus au mot (villano) *homme de la campagne* l'idée de l'abjection.

Le professeur Dandolo, car on décore en Italie du nom de professeur tout homme qui pratique un art quelconque avec supériorité;

4.

le professeur Dandolo, éclairé par nos savans
naturalistes (1), sut appliquer à l'économie rurale de son pays les matériaux importans que
lui offrirent les Lavoisier, les Fourcroy, les
Parmentier, les Chaptal; il les augmenta de
ses savantes recherches; il en forma des traités, et sur-tout celui sur l'art de gouverner les
vers à soie (2), dont le produit forme aujour-
d'hui la première ressource de ces belles
contrées.

L'émulation la plus grande se développa
alors parmi les propriétaires italiens; beaucoup d'hommes sages se livrèrent aux occupations de l'économie rurale, qu'ils négli-
geaient auparavant; éclairés par les savantes

---

(1) M. Dandolo, dans tous ses mémoires, indique,
avec une extrême bonne foi, les sources où il a puisé :
on ne me saura donc pas mauvais gré de le répéter moi-
même.

(2) M. Bonafous, de Lyon, établi à Turin, a donné
un *Abrégé sur l'éducation des vers à soie;* mais cette
matière va être traitée avec tous les développemens dont
elle est susceptible, par M. le docteur Fontaueilles.
(Voir la note, *page* 83.)

publications et par les nouvelles méthodes du comte Dandolo, ils cherchèrent à en faire l'application par eux-mêmes ; la culture du mûrier fut encouragée par-tout ; on donna plus de soins à ceux qui avaient été abandonnés ; avec ce produit régénéré, beaucoup payèrent au-delà de leurs impositions : chacun formait un journal de ses expériences ; on s'entretenait, on écrivait pour se les communiquer ; en un mot, cette occupation douce, et qui n'est pas sans attraits, parut comme un dédommagement aux dérangemens de fortune que venait encore de causer une politique soutenue par des vues pleines de déception.

La mode étant venue de s'occuper de l'éducation des vers à soie, des dames d'un rang très-élevé ne dédaignèrent plus d'y donner leurs soins ; car que ne fait pas la mode sur un sexe disposé à se soumettre à toutes ses tyrannies ? Il est vrai que quelques voyages à Venise, à Milan, à Florence et à Naples pour aller entendre un opéra, et pour acheter quelques objets de goût, étaient le prix des fati-

gues extraordinaires auxquelles on se livrait ;
enfin chaque famille, chaque propriétaire formèrent dans leurs domaines une école théorique et pratique pour l'éducation ; la patrie
des Raphaël, des Canova, des Rossini, sut
unir les arts utiles aux arts noblement agréables, et l'on sentit que, dans l'état nouveau
où se trouvait l'Europe, il fallait s'occuper des
premiers pour conserver les autres.

Personne, dans la famille du propriétaire
italien, ne reste étranger à la plus belle ressource du territoire ; les enfans sont créés ins-
pecteurs, visitent les ateliers qui sont hors du
domaine ; les demoiselles veillent aux détails
et à la propreté ; tous sont occupés de l'intérêt
qui les réunit, et les pauvres se ressentent
toujours de l'abondance de la récolte.

Tels sont les résultats qu'un zèle constant
et de savantes recherches dans la partie de
l'histoire naturelle qui concerne le mûrier et le
ver à soie ont obtenus pour l'Italie. Quoique
les causes qui y ont rappelé une ancienne industrie ne soient pas les mêmes pour la
France, cependant celle-ci ne laissera pas re-

poser dans la tombe avec leurs auteurs les projets de Sully et de Colbert; car lorsqu'on s'occupe de cicatriser des plaies profondes, on ne peut manquer de vouloir prévenir les désordres qui leur ont donné naissance.

Conformation et naissance du ver à soie; chambre chaude pour le couvage.

Le ver à soie qu'on élève en Italie, en France et en Espagne, en passant des contrées de l'Asie dans celles de l'Europe, a subi les modifications que les différences du climat et des alimens ont dû lui faire éprouver; il est devenu plus exigeant en s'éloignant davantage de l'état de nature; mais aussi son œuvre est plus parfaite. Les soies de la Chine et de l'Inde ne se comparent point à celles de l'Europe, où elles deviennent d'autant plus fines, qu'elles sont recueillies vers des climats plus doux et plus tempérés. Les Lyonnais préfèrent les soies de France à celles du Piémont, celles du Piémont à celles de la Lombardie et des États Vénitiens, et ces dernières à celles de la Toscane et de la Sicile; il semble, en un mot, que

plus le ver à soie se rapproche d'un climat
doux et tempéré, et plus le produit qu'il offre
est digne de soins.

Aucun animal, dans l'état de domesticité,
n'est plus sensible aux différentes impressions
de l'air; on lui reconnaît, outre son bec, seize
organes exhalans et respirans, qu'on nomme
stigmates, et qui se trouvent sous chaque ais-
selle; il a seize pattes, huit de chaque côté.

Les Italiens, et particulièrement les peuples de la Lombardie, ont exprimé leur pensée à l'égard de ces petits animaux, artisans
de leurs richesses, en les désignant sous le
titre de *cavalieri*, chevaliers ou gentilshom-
mes; ce qui indique qu'on doit les traiter
comme tels.

On reconnaît deux espèces de vers à soie:
l'un, qui éprouve quatre mues, c'est celui
qu'on élève le plus ordinairement en France et
en Italie ; l'autre, qui éprouve seulement trois
mues; il est plus petit, il consomme moins de
feuilles; sa soie est plus fine que celle du premier. Dans un pays où l'on a besoin d'une extrême diligence, parce que l'on craint d'être

surpris par les intempéries, ou bien que les mûriers n'aient pas le temps de pousser leurs seconds jets, cette seconde espèce pourrait convenir; il n'y a, à cet égard, que l'expérience qui puisse servir de guide.

Les naturalistes n'ont point reconnu à cette chenille d'organe de la vue, mais elle a sans doute celui de l'odorat ; car lorsqu'on lui donne de la feuille, elle se dirige bientôt du côté où elle est pour la ronger avec son bec, qui a la forme d'une scie horizontale et qui est de substance cornée. Les réservoirs soyeux, au nombre de deux, et qui sont situés dans la partie inférieure de cet animal, tiennent à une filière qui se trouve placée sous ses mâchoires; c'est dans les organes de la digestion que s'épure la matière résineuse qui se trouve dans la feuille du mûrier, et qui devient matière soyeuse. Les substances nutritives et constituantes que l'on reconnaît dans la feuille sont le parenchyme solide ou substance fibreuse, la matière colorante et l'eau.

La méthode a été sur-tout perfectionnée sur les moyens de faire éclore les œufs des vers à

soie; Dandolo, en indiquant les dimensions
d'une chambre chaude, la construction d'un
poêle, la forme des tablettes sur lesquelles
reposent les œufs, les différens degrés de chaleur que l'on doit maintenir en observant un
ordre graduel pendant onze jours, a donné
un guide bien plus certain que celui d'une
routine aveugle, qui, avant lui, guidait mal
les propriétaires et les fermiers, et était une
première cause de leur découragement. Il n'est
pas besoin de longues dissertations pour con-
vaincre que l'embryon qui est dans l'œuf doit
être plus fort et moins sujet aux maladies,
quand il parvient à ses développemens par
l'effet d'une chaleur élevée d'après des gradations déterminées, que lorsqu'on le fait naître
en réglant mal le calorique dont il a besoin:
c'est ce qui contribuait aux chétives récoltes
dont on se plaignait autrefois; car les cultivateurs ne connaissaient pas d'autre manière de
les faire naître que de les mettre dans leurs
lits et entre deux matelas.

Nourriture, mues et maladies du ver à soie.

D'après ce qui a été exposé dans les deux articles qui précèdent, sur les soins qu'exigent les
soi-disant chevaliers, on croira peut-être que,
quelque attention que l'on fasse, on ne pourra
arriver à leur rendre les soins qu'ils exigent.
Que l'amateur jaloux de se livrer à cette
branche récréative de l'économie rurale se
tranquillise à cet égard, pourvu qu'il observe
quatre préceptes les plus essentiels, il doit
compter sur le fruit de ses peines.

Le premier précepte, c'est la propreté;

Le second, la règle dans la distribution des
repas;

Le troisième (le plus essentiel, et celui sur
lequel beaucoup de cultivateurs se trompent),
c'est de laisser ces petits animaux à la diète
dans le temps des mues, et de ne leur donner
la pâture que lorsqu'on s'est assuré que tous
sont sortis de cet état de crise;

Le quatrième enfin est de combattre toujours les accidens de l'atmosphère, en répan-
dant de fréquens arrosages lorsque l'air est

trop sec, et en allumant dans les cheminées des feux de copeaux ou de paille pour obtenir beaucoup de flamme, afin de raréfier l'air.

Si l'air a trop de crudité, les fenêtres ou les ventilateurs sont ouverts au midi; s'il est trop chaud, on les ouvre au nord et on les ferme au midi. Des châssis de toile apposés aux fenêtres contribuent à corriger les défauts de l'air.

On ne peut déterminer la meilleure exposition d'une manganière ou atelier pour les vers à soie, parce que tout dépend de l'influence des vents qui règnent dans les pays où l'on veut les établir; il me semble que, dans les provinces du midi, en France, l'exposition au levant et au couchant devrait être préférée, et que, dans celles du centre, il conviendrait mieux de les établir au midi et au nord.

Au reste, malgré toutes ces considérations, on obtient encore des récoltes dans des situations très-malsaines, au milieu des rizières du Crémonais et du Mantouan, et dans les environs de Parme et de Plaisance.

Si les vers à soie sont sujets à des maladies que

l'on peut plus facilement prévenir aujourd'hui qu'autrefois, parce qu'on en connaît les causes, d'un autre côté, l'on ne peut nier qu'il faut qu'ils aient une grande force de vitalité, puisque dans l'espace de trente-deux jours, qui est le terme moyen de leur vie, jusqu'à l'époque où ils forment leurs cocons et deviennent chrysalides, ils augmentent de mille fois leur grosseur primitive; ils éprouvent quatre mues, pendant lesquelles ils sont dans un état léthargique; ce qui réduit les jours où ils prennent de la nourriture à vingt-huit. Après la quatrième mue, cet animal arrive à ce qu'on appelle la *furia;* c'est un état de voracité; il consomme en un instant les feuilles qu'on lui présente : c'est alors qu'il faut avoir soin de le changer souvent.

Je n'entreprendrai point d'analyser ici les différentes maladies auxquelles est exposé le ver à soie, mon seul but étant d'amener l'attention du lecteur sur les causes du retard d'un produit que nous avons bien des raisons de ne pas négliger.

Réflexions générales sur l'éducation du ver
à soie.

La raison d'encourager et de multiplier les
ressources indigènes est la conséquence de
l'impossibilité de détruire les besoins. Les arts
avaient fléchi sous la loi du temps, et l'ignorance, souvent captieuse, accusait la terre de
mécomptes qui appartenaient aux hommes.
Dans ce siècle de lumières, où chacun comprend que les garanties politiques et indivi-
duelles dépendent de cette position qui met
dans le cas de n'avoir pas besoin des autres,
on reconnaîtra sans doute combien il est nécessaire de chercher à détruire d'anciennes
préventions, dont des étrangers éclairés eux-
mêmes ont été les victimes. Pour en avoir la
preuve, il suffit de voir la Toscane d'aujour-
d'hui comparée au tableau qu'en a fait, il y a
vingt-quatre ans, M. de Sismondi, et l'on reconnaîtra que l'opinion générale regardait alors
la culture du mûrier comme un mécompte.

Ceux qui, chez nous, partageaient cette
opinion et se déclaraient contre l'éducation

des vers à soie objectaient que le climat de la France était trop froid, et l'on trouvera encore aujourd'hui des personnes qui prétendent que notre atmosphère a perdu de sa chaleur primitive, et qu'elle ne convient plus aux produits qu'on y cultivait autrefois (1); que, dans les premiers siècles de l'Église, il existait des vignobles en Angleterre, en Normandie et en Bretagne, et qu'aujourd'hui on ne peut plus y voir mûrir le raisin. Sans chercher à résoudre cette question, je conviendrai qu'il y a un dérangement dans l'ordre des saisons ; mais j'opposerai à la question du refroidissement de notre atmosphère, que c'est sur-tout depuis que l'on dit que notre atmosphère est refroidie qu'on ne voit plus que très-rarement les fleuves entrer en état de congélation. En définitive, le mûrier prospère par-tout où la vigne peut s'acclimater ; le ver à soie ne demande qu'un climat tempéré ; sous ces deux rapports, la France convient donc à l'un et à l'autre.

_____

(1) *Annales européennes*, novembre 1824.

ARTICLE III.

DE LA SOIE ET DU COMMERCE DES SOIES, CONSIDÉRÉS
DANS LEURS RAPPORTS AVEC L'AGRICULTURE.

Une suite d'ordonnances, depuis 1540, sous
François Ier., jusqu'en 1781, ont accordé à la
ville de Lyon un privilége, d'après lequel
toutes les soies, soit nationales, soit étrangères, destinées pour les autres fabriques du
royaume, devaient passer par la ville de Lyon:
ce droit dura jusqu'en 1781, et fut même,
à cette époque, prorogé pour trente ans;
mais cette prorogation n'eut pas son effet.

Les besoins de la guerre contribuèrent aussi
à anéantir les fabriques de Nismes, Tours et
Uzès, l'ordonnance du mois de juin 1758 en
fournit encore la preuve (1).

---

(1) Extrait de l'ordonnance de 1758 :

« Lesdits prévôts et échevins (de la ville de Lyon),
» animés du même zèle de leurs prédécesseurs et de leurs
» concitoyens pour notre service et celui de l'État, dé-
» sirant contribuer aux dépenses extraordinaires occa-

Cette ordonnance favorisait en apparence
les soies nationales, en établissant un droit de
quatorze sous par livre sur celles venant de
l'étranger, et en désignant la douane par laquelle elles devaient entrer; mais assujettir les
acheteurs des autres fabriques à les faire passer
par la ville de Lyon, et à y payer un droit,
c'était anéantir l'industrie de ces villes : cette
mesure n'encouragea point la culture du mûrier; car, en supposant que la France se
suffise à elle-même pour la production des
soies, les manufactures qu'elle renfermerait ne
pourraient pas se borner aux ressources de

» sionnées par la présente guerre, si intéressante pour
» le commerce général du royaume, et en particulier
» pour celui de ladite ville, nous ayant offert un se-
» cours de six millions huit cent mille livres en deniers
» comptant, nous nous sommes d'autant plus prêtés à
» écouter leurs très-humbles représentations sur la per-
» ception des soies étrangères et d'Avignon, qu'ils se
» sont soumis tant à la suppression du droit de trois
» sous six deniers sur les soies nationales qu'à leur libre
» circulation dans le royaume, conformément audit ar-
» rêté du 30 décembre 1755, sans en prétendre d'in-
» demnité, etc.... »

leurs arrondissemens; les étoffes se composant
de diverses espèces de soie, il serait difficile
de les trouver toutes dans la même province.

Ce serait se tromper étrangement que de
considérer le commerce des soies sur un
seul point, comme à Lyon. Pour établir un
aperçu plus positif, et fondé sur l'observation
des intérêts généraux, il faut se placer au
centre de l'Europe, et considérer ce que sont
aujourd'hui, par rapport au commerce des
soies, les nations qui augmentent en population, en industrie, en richesses et en luxe.

L'usage de la soie est moins répandu qu'autrefois dans les hautes classes de la société et dans
les ameublemens; mais il est passé dans l'ordre
le plus nombreux des habitans, il s'étend dans
toute l'Europe; des régions jadis habitées
par des peuples nomades ou pasteurs ont ac-
quis avec le luxe l'usage de la soie. Londres
consomme aujourd'hui en soies ouvrées et non
ouvrées le double de la ville de Lyon, les rapports sur les douanes en font foi. Les ouvrages
en soieries ne durent plus, comme ceux qu'on
faisait autrefois, quinze ou vingt ans; six mois,

un an, suffisent souvent pour les voir usés ou détruits; leur consommation, étant plus répétée, est nécessairement plus grande; elle est moins apparente, mais elle n'en est pas moins réelle: il résulte donc de ce tableau qu'il nous reste encore des perfectionnemens à achever.

Ceux qui ne voient le commerce des soies qu'à Lyon disent que cette branche est toujours active et florissante, parce que Lyon entretient toujours une nombreuse population en ouvriers dans les fabriques de soieries; mais si la consommation en Europe s'est augmentée du double, si l'on ne peut suffire aux nombreuses demandes qui arrivent d'Amérique et de Russie, la production se trouve donc, en ce genre, limitée par les ressources et au-dessous des besoins : il résulte de là un motif d'encouragement qui ne peut être trop développé.

L'auteur du *Tableau des richesses de la France* dit : « Le prévoyant Sully s'occupa à » créer des fermes pour faire prospérer l'agri- » culture, et chaque année du ministère de » Colbert, depuis l'an 1663 jusqu'en 1672,

5.

» fut marquée par l'établissement de quelque
» manufacture. Le Roi avançait aux manufac-
» turiers deux mille francs par chaque métier
» battant, outre des gratifications considéra-
» bles; en 1689, on comptait dans le royaume
» quarante mille deux cents métiers battant
» en laine; les manufactures de soie produisi-
» rent au commerce plus de cinquante millions
» de livres de ce temps-là, et non-seulement
» l'avantage qu'on en retirait était au-dessous
» de l'achat des soies nécessaires, mais la cul-
» ture du mûrier, que Henri IV avait encou-
» ragée en France, mit les fabricans dans le
» cas de se passer de soies étrangères (1). »

Sous Louis XII, on n'employait encore dans
nos manufactures que des soies d'Espagne
et d'Italie; Henri IV, par les mesures qu'il fit
prendre, avait donné une forte impulsion
au mouvement reproducteur des ressources
de l'état. Colbert aurait voulu finir ce qui
avait été si heureusement conçu ; mais le

_____

(1) *Tableau des richesses de la France ;* par M. Le-
cler, écuyer du Roi. Paris, 1788.

siècle de Louis-le-Grand, marchant à la conquête de toutes les gloires, et riche des tributs du monde entier, entraîna souvent par sa force ce ministre au-delà de ses propres volontés, et fit oublier, au milieu des arts les plus éclatans, l'humble et modeste agriculture.

De tous les produits que peut offrir l'industrie agricole, il n'en est pas qui répande plus le travail que celui de la soie : combien d'intérêts se réunissent donc pour encourager sa propagation !

Tacite a dit : Il n'y a point de repos pour les nations sans armes, point d'armes sans solde, point de solde sans tributs (1). On peut ajouter : Point de tributs sans production, et point de production sans travail, et l'on trouve ainsi le secret de la force des nations.

---

(1) *Nec quies gentium sine armis, nec arma sine stipendiis, nec stipendia sine tributis.* (Hist., lib. 4.)

*De la ville de Lyon, et de l'influence de son
commerce sur la prospérité générale et sur
l'agriculture.*

Une des premières villes de l'Europe pour
l'esprit de commerce et de perfectionnement
de toute industrie est sans doute celle de
Lyon : là, le génie du commerce préside à
tout, règle les mœurs et l'éducation ; les jeunes gens, pour achever leur éducation commerciale, passent par des filières qui se
trouvent rarement interrompues ; la force
des coutumes tient lieu de loi ; elle est toute-
puissante dans l'opinion des négocians, qui
regardent leur persévérance comme une des
bases du bon crédit.

Dans les intérêts du commerce, comme
dans les intérêts politiques, Lyon possède un
esprit public, un caractère national, une
force collective : le plus noble dévouement
à la cause du Roi, la fidélité des Lyonnais,
l'historique d'un siége mémorable, pendant
lequel l'élite de la jeunesse, combattant par-
tout, se portant avec une telle ardeur sur

tous les points, qu'elle paraissait se multiplier pour faire tête aux légions révolution-
naires, formeront toujours, en faveur de la
seconde ville de France, des titres qui lui
assigneront des pages honorables dans l'histoire.

A Lyon, un jeune homme qui parcourt
la carrière du commerce des soieries suit la
fabrique des étoffes dans toutes ses ramifications; il apprend à connaître les qualités
diverses des organsins nationaux et étrangers,
ceux qui conviennent à tel ou tel genre d'ouvrage; il suit les préparations et les travaux
du teinturier; il connaît les causes du plus ou
moins d'éclat des couleurs, il sait quelles sont
celles qu'il convient de mêler ensemble et sur
lesquelles l'œil se repose plus agréablement;
il étudie les propriétés chimiques des matières premières, afin de se pénétrer des
causes de l'éclat et de la solidité des étoffes.
On exige même qu'il sache pousser la na-
vette, afin qu'il connaisse mieux d'où proviennent les imperfections des ouvrages en
soieries; enfin ce n'est qu'après avoir fait un

cours complet dans l'art du fabricant et du
teinturier, et un stage dans le cabinet, qu'il
est accrédité parmi les commerçans.

C'est en suivant ces principes que le ver-
tige des révolutions a eu peu de prise sur
une ville fidèle, qui fut toujours la domina-
trice d'une grande industrie, que les riva-
lités les plus fortes et les plus imposantes
prétendraient en vain lui ravir.

Ce que j'ai dit de l'éducation commerçante
et manufacturière des Lyonnais se lie au
principe fondamental sur lequel repose cet
ouvrage :

Art. DE L'AGRICULTURE EN GÉNÉRAL, tom. 1,
pag. 9 : *Cultiver les hommes suivant la condition dans laquelle Dieu les a placés, leur
apprendre à tirer parti des avantages qui sont
autour d'eux, est un point de vue aussi
utile au souverain qu'aux individus.*

Si l'industrie lyonnaise s'est conservée dans
son orbite par le caractère solide et estima-
ble de ses commerçans, elle doit encore à
des causes naturelles sa prépondérance : située au confluent d'une grande rivière et sur

les bords d'un grand fleuve, cette ville présente, pour les lavages et les teintures, le rare assemblage de deux qualités d'eau qui ont les propriétés spécifiques et nécessaires pour les différens travaux de l'art du manufacturier et du teinturier.

Lyon porte les produits de son industrie dans le monde entier ; son commerce est par-tout : dans la plupart des marchés, à Francfort, à Leipsick, ses étoffes obtiennent une préférence méritée sur celles des fabriques rivales. Lyon paraît être la patrie du goût perfectionné ; il semble qu'il existe entre les bords du Rhône et ceux de la Seine une communication d'idées fécondes qui tendent à renfermer le goût dans les règles d'une élégance qui n'est jamais sacrifiée à un brillant surchargé ; une imagination, qui ne se trouve que sous l'influence tempérée des feux du midi, fixe à Lyon les arts et le goût sans exagération, et le bon esprit de ses habitans la rendra toujours supérieure à toute espèce de rivalité.

On porte à plus de deux cents le nombre des différentes étoffes que l'on fabrique à

Lyon : en admettant que d'autres villes ,
comme Tours, Nismes et Avignon, vissent
leur industrie ancienne se régénérer, Lyon
n'en serait pas moins le centre d'une grande
activité ; elle ne perdrait point, parce qu'il y
a plus de recherche et de consommation lorsqu'il y a plus d'industrie, et la concurrence,
qui est le soutien de toute émulation, devient une garantie de plus.

Le préfet de Lyon, M. Lezay-Marnésia, a
fait pour son département ce qui finira sans
doute par être fait dans toute la France. Par
arrêté du 23 janvier 1818, il a ordonné que
les terrains communaux fussent plantés en
mûriers, et que les semis fussent multipliés
dans les pépinières du département, et suivant les vues tracées par les deux ministres
régénérateurs de l'agriculture et de l'industrie française, il a créé des primes accordées
aux propriétaires qui se livrent à la culture
du mûrier avec le plus de zèle et de succès.

ARTICLE IV.

NOTICE SUR UN VOYAGE FAIT A VARÈZE, EN 1817, DANS
LE BUT D'Y RECUEILLIR, DANS LES ÉTABLISSEMENS DE
M. LE COMTE DANDOLO, DES RENSEIGNEMENS UTILES
SUR L'ART D'AMÉLIORER L'ÉDUCATION DES VERS A SOIE.

Ce titre seul explique le but dans lequel j'ai
entrepris ce voyage; les notions que je présente aux lecteurs me donnent lieu d'espérer
qu'ils ne verront ici qu'un fait qui se rattache
à des intérêts généraux.

La petite ville de Varèze, sur le Lario et les
confins de la Lombardie, est située dans un
plateau formé, d'un côté, par des collines, et
de l'autre par le lac du même nom, sur lequel
dominent les vents du nord-est; ce qui procure à ce séjour une atmosphère fraîche et
beaucoup plus tempérée que celle de Milan;
les habitans de la capitale du royaume lombard-vénitien aiment à y passer les mois
de juin, de juillet et d'août.

M. le comte Dandolo, déjà regardé comme

le Parmentier de l'Italie , quitta ses labo-
ratoires chimiques de Venise, sous l'ancien
gouvernement, pour s'avancer dans les hauts
rangs de la carrière administrative ; il fut conseiller d'état, provéditeur de la Dalmatie, et
ensuite sénateur. Lors de la reprise de l'Italie
par l'Autriche, le gouvernement ayant besoin
de ses lumières, il fut encore conseiller d'état;
mais bientôt, rappelé par ses anciens goûts
aux sciences naturelles, il renonça aux dignités administratives pour s'occuper des soins
d'enrichir les arts utiles et économiques de
ses précieuses découvertes , et fit succéder
aux lauriers du magistrat les palmes agrono-
miques.

Autour de cet homme savant, la nature vi-
vante et la nature inanimée prirent bientôt
un nouvel éclat. M. le comte Dandolo, dans
sa belle retraite de Varèze , devint le chef
d'une école dont les travaux prévinrent les
funestes effets de la dégradation du prix des
blés, produite par la concurrence de ceux de
la mer Noire. Les propriétaires , affaiblis dans
leurs moyens, par l'impôt maintenu tel qu'il

était sous le précédent Gouvernement, par la
main-d'œuvre considérable qu'exige en Italie la
multiplicité des produits, et par les réparations
nécessaires pour l'entretien des vastes locaux
qui composent leurs domaines, n'auraient pu
soutenir cet état de choses, si une denrée qui,
par une suite de mécomptes, avait été négligée
ou abandonnée, ne fût devenue une source
de richesses, et une mine aussi féconde que
celles du Pérou.

La récolte des soies s'éleva dans une proportion qui paraît idéale; M. le comte Dandolo
cite l'exemple de M. l'ingénieur *Calcagni*, dont
le père n'avait jamais pu obtenir de son vivant
plus de mille grosses livres de cocons sur sa
propriété (la grosse livre de Milan pèse vingt-
huit onces). Après sa mort, on obtint huit
mille grosses livres de cocons sur la même tenure, et l'on compte par centaines les propriétaires et agriculteurs qui jouissent maintenant du même avantage. Le même auteur parle
encore de trois petits villages qui, ne contenant que mille ames, parvinrent à recueillir
pour soixante mille livres de soie; ce qui fit

soixante livres par personne, femmes, enfans
et vieillards compris (1).

On sait que les paysans, dont la famille entière est ordinairement occupée des soins des
vers à soie, partagent par moitié avec le propriétaire; il resta donc trente francs par tête
à chacun de ces paysans : or, une famille de
cinq personnes aura donc eu, en trente jours,
un bénéfice de cent cinquante francs; en dé-
duisant·trente ou quarante francs pour les
frais, on trouvera encore que cette famille
agricole avait fait un gain suffisant pour se
maintenir dans une honnête aisance toute
l'année. Cette somme de trente francs par
personne peut être regardée comme un terme
moyen; mais il y a beaucoup de paysans qui
gagnent bien davantage, je le sais par expérience..

« L'objet de l'éducation des vers à soie est,
» parmi ceux des champs, dit encore M. Dan-
» dolo, le plus grand dont l'Italie se soit ja-

---

(1) *Nouveaux essais sur les vers à soie* ; ouvrage pos-
thume du comte Dandolo. Milan , 1820.

» mais occupée ; il intéresse l'état et l'écono-
» mie domestique, et mérite les méditations
» de tous les hommes amis de leur patrie. »

Convaincu de la vérité du principe que je
donne pour base à l'art. *Éducation agricole*,
que, pour procurer au paysan les notions qui
lui sont nécessaires, il faut faire marcher simultanément la théorie avec la pratique, M. le
comte Dandolo fit circuler des prospectus, dans
lesquels il indiquait son intention d'ouvrir une
école à Varèze, où il enseignerait les nouvelles
méthodes pour l'éducation des vers à soie. A
cet appel obéirent bientôt des fils de propriétaires, d'agriculteurs, de régisseurs et de fermiers ; ils se réunirent dans cette ville du
15 avril jusqu'au 15 de juin. C'est là que ce
célèbre économiste, après l'exposé des principes de la méthode qu'il s'efforçait d'introduire, distribuait dans ses ateliers ces
mêmes élèves, qui s'y partageaient les travaux
de manière à ce que les faits se présentassent
toujours à l'appui des théories.

Ce cours eut lieu pendant plusieurs années ;
mais ce ne fut pas le seul service que le comte

Dandolo rendit à la science agronomique; il proposa un prix de cent cinquante louis à celui qui découvrirait le meilleur remède pour la maladie de la jaunisse (*mal del gialume*), dont les vers à soie sont quelquefois attaqués, et il entretint, pendant la saison que durent les travaux qui leur sont relatifs, une correspondance exacte avec ceux qui lui proposaient des questions à résoudre; en outre, il enregistrait soigneusement les renseignemens utiles qui lui parvenaient, par suite d'expériences faites sur différens points de l'Italie, d'après les méthodes qu'il publiait.

Des circonstances politiques m'avaient mis, il y avait alors onze ans, à même de connaître le comte Dandolo lorsqu'il était provéditeur en Dalmatie; je me déterminai, par le souvenir de ces premières relations, à aller visiter ses grands ateliers, et j'avouerai que, dès ce moment, je conçus le projet de ne pas laisser dans l'oubli des vues dont le but et l'utilité m'avaient frappé.

« Ces myriades de petits insectes, disait » M. Dandolo en me montrant son grand ate-

» lier, doivent être les sauveurs de l'Italie;
» mais combien nous avons encore à faire
» pour vaincre l'influence de la routine! C'est
» le séjour des Français qui a provoqué chez
» nous le mouvement d'avancement des scien-
» ces physiques; et quand vous ne seriez pas
» comme moi un ancien Dalmate, ce premier
» titre vous suffirait pour que je vous fisse
» l'analyse de nos opérations, et que je vous
·» parlasse des accidens et des succès qui les ont
» accompagnées; car, pour être instruit, il faut
» apprendre à connaître les uns et les autres.»

Si les grands ateliers présentent l'avantage
de la commodité, de la surveillance et de
l'exactitude pour le travail, ils offrent aussi le
grave inconvénient de multiplier les chances
de non-succès; car lorsque, par des influences,
soit internes, soit externes, une contagion se
développe, alors la grande manganière est ex-
posée aux risques de devenir un grand hôpital : aussi M. Dandolo avoua-t-il qu'après avoir
obtenu un plein succès dans les quatre années
précédentes de 1813, 1814, 1815, 1816, puisqu'alors chaque once de semence lui avait

rendu l'une dans l'autre, deux cent vingt-cinq livres de cocons (petites livres de douze onces), il n'en résultait, cette même année, qu'environ cent livres par once à cause des accidens qui étaient survenus.

Les cocons, étant filés, avaient donné, année commune, vingt-huit onces de soie pour vingt-cinq livres de cocons, sans la filoselle. D'après cette proportion, dans les bonnes années, où une once de semence avait rendu deux cent. vingt-cinq livres de cocons, la même quantité réduite en soie avait produit vingt et une livres de soie.

Ces résultats, constatés par les nombreux coopérateurs de M. Dandolo et par ses écrits, surpassèrent tout ce que l'on pouvait attendre; non-seulement les plus anciens agriculteurs et les entrepreneurs de filatures de son voisinage n'avaient point vu de pareils succès, mais encore sur aucun point de la Lombardie et des États Vénitiens, les propriétaires, qui commençaient à s'éclairer, n'avaient pu parvenir à de semblables résultats.

Un traité très-étendu, publié en 1815 par

M. le comte Dandolo, sur l'éducation du ver
à soie, avait servi de guide à tous les propriétaires de l'Italie ; il avait été suivi d'un ouvrage
intitulé *Histoire des vers à soie*. Ces deux ouvrages à la main, j'avais pris plaisir à suivre
moi-même les méthodes qu'ils indiquent, et
c'est parce que leur utilité me paraissait dé-
montrée, que je me proposais de recueillir,
lors de mon retour en France, tout ce qui a
rapport à cet art perfectionné, lorsque j'ai reconnu que M. le docteur Fontaneilles avait
rempli cette tâche avec plus de soin et de
perfection que je n'aurais pu moi-même prétendre à le faire (1).

Les accidens doivent devenir plus rares,

---

(1) *L'Art d'élever les vers à soie*, par le comte Dandolo, a été traduit par M. le D. M. Fontaneilles ; et cet
ouvrage a tellement mérité le suffrage public, qu'il est
à la seconde édition. M. le D. Fontaneilles est membre
de la Société d'agriculture, qui lui a décerné une
médaille d'or pour cet ouvrage. Cet auteur, qui fut
aussi propriétaire en Italie, a examiné cette question en
amateur éclairé et en physicien, et il a enrichi sa traduction de recherches et de remarques très-utiles.

6.

disait M. Dandolo; car aujourd'hui qu'on
en connaît les causes, on doit les prévenir ou
y remédier. Autrefois les paysans de la riche
province du Mantouan n'obtenaient que
quinze ou vingt livres par once (1); maintenant ils en font peu quand ils n'en récoltent
que cent livres, et la récolte ordinaire a été,
dans ces derniers temps, de deux cents livres
par once. Ainsi quand les soies diminueraient
du prix soutenu qu'elles conservent maintenant, il n'en serait pas moins vrai que nous
aurions beaucoup gagné; mais les besoins se
développant avec la production, il est bien
présumable que la recherche se soutiendra,
et que nous ne verrons pas si tôt la décadence
du prix de nos soies.

Quant aux maladies de ces petits insectes,
il y a beaucoup d'accidens qui peuvent les occasionner; en général, l'air le plus vital pour

---

(1) Cette pensée se trouve répétée dans l'ouvrage intitulé : *Nouvelles causes de l'avilissement des grains et sur
les moyens réparateurs qui se trouvent dans l'industrie
agraire*, chap. XI; par le comte Dandolo.

l'homme, celui que ses poumons absorbent
sans difficulté, sera toujours celui qui conviendra le mieux pour les vers à soie.

J'avais remarqué que parmi les maladies
qui se développent dans les manganières, celle
de la muscardine (*mal del culcinaccio*) se re-
nouvelait souvent les années suivantes, et
persuadé que le principe vicié et adhérent aux
corps poreux ne pouvait manquer de communiquer les maladies à ces nombreux individus
renfermés dans un même local, sur-tout lorsqu'un air chaud et humide en provoque les
développemens, je soumis au comte mes remarques, et je les appuyai du fait suivant ra-
conté par madame de Genlis (1).

« Plusieurs années avant la révolution, un
» illustre vieillard qui, depuis, fut la victime
» de la plus horrible tyrannie, le vertueux
» Malesherbes, durant son ministère, fit ou-
» vrir les portes de Vincennes.

_____

(1) *La Maison rustique , pour servir à l'éducation de la
jeunesse , au retour en France d'une famille émigrée ;* par
Madame de Genlis.

» La curiosité attira au donjon un grand
» concours de gens, ceux qui avaient habité
» cette prison furent sur-tout curieux de la
» voir, ils y retrouvèrent la même odeur
» qui les avait frappés en y entrant pour la
» première fois. Cependant portes et fenêtres
» en étaient enlevées, et l'élévation du don-
» jon l'exposait à la libre circulation de l'air.»

M. Dandolo ne voulut pas décider la question, et il n'a pas cru encore devoir le faire
dans les ouvrages qu'il a publiés successive-
ment, il émit cette opinion : qu'il était persuadé que le gaz carbonique que respiraient
ces animaux, soit par l'effet de la fermenta-
tion et de la putridité des litières, soit par
celui de la mauvaise disposition des locaux,
était la cause de la maladie appelée la *muscardine*, et il ajouta qu'il fallait le concours
de plusieurs accidens pour généraliser cette
maladie, qu'un seul ne suffisait pas, et qu'il
était toujours facile de remédier efficacement
à ces inconvéniens : par exemple, s'il est
froid, il faut fermer les ventilateurs, faire
du feu dans les poêles et les cheminées,

pour élever la chaleur au degré indiqué dans
la méthode et suivant l'âge de l'insecte ;
s'il est chaud et humide, il faut le raréfier en employant les procédés de Guyton-
Morveau, en renouvelant les feux de flamme, en changeant attentivement les litières,
en dépouillant les branches des mûriers des
baies qui les rendent humides ; car l'humidité est un des puissans conducteurs du mé-
phitisme ; si l'air est sec, il faut faire de fréquens arrosages pour le rendre plus élasti-
que ; enfin ce n'est qu'avec de telles précautions que l'on parvient à recueillir abondam-
ment le fruit de ses fatigues.

Je visitai pendant plusieurs jours les ateliers de M. le comte Dandolo, et j'observai
avec lui-même les détails relatifs à l'objet qui
m'avait amené vers lui ; la disposition de la
chambre chaude, l'ordre et la disposition de
la coconnière, la forme des instrumens pour
couper la feuille, changer les litières, l'utilité du thermomètre et particulièrement de
l'hygromètre, instrument très - nécessaire
pour connaître le degré d'humidité, et pré-

venir les accidens qu'elle occasionne ; sur
tous ces articles il y a des détails satisfai-
sans dans l'ouvrage déjà cité, de M. le D. M.
Fontaneilles : je désire éviter de répéter ce
que d'autres ont dit, sur-tout quand il n'y a
pas de nécessité.

Quant à la situation d'une coconnière, on
ne peut établir de règles fixes à cet égard :
le propriétaire qui veut faire la dépense d'en
bâtir une doit avoir égard aux vents qui ré-
gnent, afin d'éviter les ouvertures du côté
où la pluie vient le plus fréquemment. Dans
les contrées méridionales, je croirais que la
meilleure situation serait le levant et le couchant ; quand il n'y a point de vents du sud
qui amènent des pluies, et dans les provinces du centre de la France, je préférerais le
midi et le nord, ayant soin de pratiquer des
ouvertures au nord bien plus petites que
celles du midi, et de les faire faire sur-tout
très-basses, afin que l'air qu'elles doivent
communiquer ne tombe pas trop directement
sur les tablettes sur lesquelles on pose les
vers à soie.

M. Dandolo faisait naître par tout l'émulation ; la plus grande partie des grands propriétaires avaient les yeux ouverts sur lui :
plusieurs se trompèrent dans l'application
des principes ; quelques-uns virent les laines
des troupeaux de mérinos qu'ils avaient en-
tretenus à grands frais diminuer de prix par
des réglemens d'exception en faveur des étoffes
étrangères ; ils attribuèrent au régénérateur
de cette branche de l'industrie agricole des
accidens dans lesquels il n'était pour rien ;
mais quel est l'homme qui, travaillant pour
son siècle et son pays, pourrait se flatter de
n'être pas exposé à des injustices ? S'il existait encore aujourd'hui des préventions mal
fondées, la postérité leur répondra : « En
dirigeant l'esprit de son siècle vers les arts
paisibles et utiles, cet homme honorable a
évité aux tribunaux leur déplorable activité ;
au Gouvernement, la complication d'un système plus dispendieux d'administration, et
aux fortunes privées la décadence dont les
menaçait le contraste qui existait entre les
impôts élevés qu'on avait conservés, et la

dépréciation des denrées de première nécessité (1). »

. Après avoir parcouru pendant plusieurs
jours les ateliers du comte, j'éprouvai encore
un trait de sa complaisance, en examinant
avec lui les autres branches économiques
dont il s'occupait, et que renfermait le beau
séjour qu'il s'était choisi.

Il venait de faire construire de vastes caves, qu'il avait fait meubler de tonneaux du
contenu de cent à cent cinquante brintes (la
brinte contient quatre-vingt-seize bouteilles);
il présidait à la fabrication de son vin, en
suivant les règles prescrites par son Traité sur
cet art, qui a été très-favorablement accueilli
par le public, et réimprimé en 1820 (2).

_____

(1) En Lombardie, on calcule généralement que les
plaines irrigatoires donnent, tous les ans, deux tiers au-
delà de la consommation locale. La diminution du prix
des grains change donc beaucoup la condition du propriétaire.

(2) *Enologia owero l'arte di fare, conservare e fare viag-
giare i vini del rogno.*

Les pépinières de mûriers, la culture des
pommes de terre et l'éducation des mérinos,
étaient aussi l'objet des recherches et des
soins de l'économiste de Varèze. Avant d'entrer dans sa demeure, on voyait que chez
lui l'idée du goût n'était point séparée de
celle de l'utilité ; du côté du jardin, on arri-
vait à son palais (1) par des avenues et des
bosquets faits d'arbres fruitiers ; les terres
qui l'entouraient étaient des prairies naturelles ou artificielles, ou des champs semés
de maïs et de graines oléagineuses; les occupations très-actives auxquelles il se livrait
prouveront toujours que ce fut moins le besoin du repos qui l'avait appelé dans cette
demeure, que le désir de servir son pays ;
malheureusement pour l'Italie, pour les arts
et pour sa famille, une mort inattendue est
venue enlever le comte Vincent Dandolo,
à l'âge de soixante et un ans. L'auteur de
son apologie appelle le parti qu'il prit de se

---

(1) En Italie, on nomme palais toutes les maisons qui
sont bâties avec quelque magnificence.

retirer à Varèze le beau rêve d'un homme vertueux (1).

Observations générales sur les vues du comte Dandolo et conséquences à en déduire.

On ne peut nier que les méthodes introduites par le comte Dandolo n'aient enrichi la péninsule italienne : le commerce des grains, une des ressources premières de l'agriculture, était anéanti par les importations d'Odessa, il fallait de nouvelles ressources ; les arts et la nécessité les ont créées, et maintenant, qui le croirait ? le seul produit des soies dans le royaume Lombard-Vénitien excède de beaucoup le montant de tout l'or et de tout l'argent aujourd'hui transportés de la nouvelle Espagne en Europe :

---

(1) Le chevalier Compagnoni.

Or et argent des mines de la nouvelle Espagne transportés en Europe (1).

En 1811, en livres de Milan, environ   75,000,000
En 1812...........................   31,000,000
En 1813...........................   43,000,000
En 1814...........................   53,000,000
En 1815...........................   49,000,000
En 1816...........................   66,000,000
En 1817...........................   62,000,000

(7 ans).................... 379,000,000

Soies grèges et filées, exportées du royaume Lombard-Vénitien.

En 1807, en livres de Milan........   52,000,000
En 1808...........................   52,000,000
En 1809...........................   57,000,000
En 1810...........................   79,000,000
En 1811...........................   48,000,000
En 1812...........................   61,000,000
En 1813...........................   71,000,000

(7 ans).................... 420,000,000

Ces renseignemens ayant été puisés à diverses sources par l'auteur cité, il ne lui a pas

---

(1) *Sulle industrie agrarie, art.* 3, *valore d'elle sete.*

été sans doute possible de présenter dans ces tableaux de comparaison les mêmes années; mais cela ne pourrait apporter qu'une différence en faveur de l'argument qu'il avance(1).

C'est précisément après 1813 que les années les plus prospères dans les récoltes des soies ont eu lieu, M. Dandolo rapporte qu'en 1818 une livre de soie a valu pendant quelque temps, sur les marchés de Londres, une livre poids d'argent, soixante-douze francs. Depuis ces dernières époques, la soie a soutenu un prix moyen et a beaucoup augmenté de quantité. C'est dans l'année 1776, que les exportations en or et en argent de la nouvelle Espagne pour l'Europe ont été plus considérables qu'elles ne l'avaient été dans le cours de seize ans ; elles s'élevèrent à cent soixante-dix-neuf millions. M. Dandolo dit qu'avant vingt ans les exportations en soie et produits des manufactures du royaume Italien s'élèveront à une somme aussi forte.

---

(1) L'auteur cite, pour ses renseignemens, M. de Humboldt, et le *Moniteur* de 1819, page 751.

Je trouve dans la mercuriale du prix des cocons à Milan, pendant vingt ans, une nouvelle preuve, qui indique que les exportations en soie dans le royaume d'Italie doivent surpasser maintenant de beaucoup les importations or et argent de l'Amérique espagnole.

Cours des cocons à Milan,

	liv.	sous	den.
En 1813, la grosse de vingt-huit onces,	2	11	»
En 1814...............................	3	18	»
En 1815...............................	4	»	»
En 1816...............................	5	5	»
En 1817...............................	6	1	6
En 1818...............................	6	10	»
En 1819...............................	6	6	»

Les prix élevés des cocons de 1815 à 1819 doivent être attribués à la disette des magasins, qui s'étaient épuisés pendant la guerre; M. Dandolo dit que le terme moyen des cocons, de 1800 à 1814, fut de deux liv. seize sous.

Outre ces exportations croissantes, il convient encore d'ajouter que l'on exporte de ce royaume, tous les ans, pour la somme de vingt-huit à trente millions de soies teintes,

filoselle, brocards, draps de soie et de filoselle, voile, pluche de soie.

Il résulte donc qu'un petit ver qui, lors
de sa naissance, est presque imperceptible,
produit beaucoup plus à une seule contrée
de l'Europe que tout l'or et l'argent que
renferment les mines fécondes de la Chaîne
des Andes. Ainsi pour finir cet article par la
pensée qui figure en tête de cet ouvrage,
un pays n'a pas besoin de mines d'or et d'argent quand il a des denrées recherchées à
donner en échange; les richesses qui sont
dans le sein de la terre sont moins sûres et
plus fragiles que celles qui sont sur sa surface; elles deviennent l'objet d'une politique
ambitieuse qui expose le sort des États : ainsi
pour la France, la culture du mûrier, de l'o-
livier, et de ses vignobles privilégiés, vau-
dra toujours mieux que les mines du Mexi-
que et du Pérou.

CHAPITRE III.

CONSIDÉRATIONS GÉNÉRALES SUR L'ÉDUCATION
RURALE, PRATIQUE ET THÉORIQUE, ET SUR
LES MOYENS D'EMPLOYER LES ENFANS DES
CULTIVATEURS ET DES PAUVRES A DES OCCU-
PATIONS UTILES A L'ÉTAT ET A EUX-MÊMES.

Sɪ les vues généreuses de Sully, de Colbert, et de ceux qui ont suivi leurs traces,
ont été abandonnées, c'est parce qu'elles
furent trop liées à la vie de leurs auteurs ; la
prospérité publique qui dépend de l'existence passagère des hommes , est plus expo-
sée que celle qui est garantie par des institutions.

Un ordre de choses prévues , un état de
durée constante dans ce qui est établi , présentent en Angleterre les garanties de fixité
que , dans d'autres pays, on n'obtient que
par des institutions : des intérêts privés qui

se rattachent à l'intérêt général; un esprit
d'association capable de faire des sacrifices; un
caractère de nationalité qui détermine à faire
des dépenses en vue de l'avenir; et une exubé-
rance de moyens qui ne se retrouve chez
aucune autre nation, placent cet État dans
des conditions isolées, et qui ne peuvent servir de terme de comparaison avec les autres.

En Hollande, outre les colonies agricoles
dont j'ai parlé, il y a un ministère dont l'objet spécial est l'industrie nationale, les colonies et l'agriculture.

C'est particulièrement dans les États sep-
tentrionaux de l'Europe, dans ceux qui furent
les moins agités par les troubles politiques,
qu'il existe, comme on l'a vu dans les tableaux
que j'ai offerts, des institutions fondées pour
l'avantage de l'agriculture; ce qui prouve
qu'elles ont été reconnues comme un des besoins de la société pour l'époque actuelle.

Deux systèmes bien différens partagent au-
aujourd'hui les publicistes européens pour
ce qui regarde l'éducation, particulièrement
celle de la classe pauvre : l'un s'efforce de

considérer l'homme comme moyen, l'autre
le voit comme un but. Le premier, qui est
incompatible avec l'ordre actuel, paralyserait
les ressources qui naissent de l'intelligence;
le second, fécond en résultats heureux, a
besoin d'un guide qui prévienne ses écarts;
car il existe toujours, même à côté du bien,
un principe destructeur, qui se développe
d'autant plus promptement, que les hommes
sont plus sensibles et que leurs passions sont
plus vives.

. La morale et la politique la plus saine s'accordent pour considérer l'homme sous ces
trois rapports : Dieu, la société, et lui-même.
Quel que soit celui sous lequel il se présente,
on est obligé de convenir d'une vérité, c'est
que l'État n'est fort et à l'abri des ambitions
étrangères, qu'autant que les individus ont
leur existence morale et physique garantie
non-seulement dans l'ordre présent, mais
encore dans celui à venir, et il n'y a pour
cela que des institutions fondées d'après des
vues de prévoyance.

On s'est souvent occupé en France de l'é-

7.

ducation des pauvres : en 1616, les États-
Généraux établirent des peines contre ceux
qui n'enverraient pas leurs enfans aux écoles ;
en 1680, le P. Lasalle forma une société
pour l'éducation des indigens ; les écoles de
ces Frères produisirent tant de bien à Paris,
qu'en 1715 le lieutenant de police attesta
que la dépense de son département dans le
faubourg Saint - Germain avait diminué de
trente mille francs : pourquoi en 1825 ne s'oc-
cuperait-on pas d'une autre classe non moins
digne d'attention, celle des paysans pauvres
et malheureux ?

Les peuples de la Russie ont une éducation
agricole (1) ; les nègres de Haïti savent lire
et écrire (2) ; les sciences économiques et de
législation pénètrent chez les Indous (3) : voilà

---

(1) Création d'une colonie agricole par la Société rurale de Moscou. *Revue encyclopédique*, t. XX, p. 219.

(2) *Rapport* de M. Granville, agent du Gouvernement
haïtien, inséré dans la *Gazette de New-Yorck.*

(3) *Essai historique sur l'origine, les progrès et les
résultats probables de la souveraineté des Anglais dans
l'Inde ;* par J.-B. Say.

des vérités de fait dont il est facile de déduire des conséquences.

C'est chez un peuple dont la législation diffère de la nôtre, que je veux puiser des principes d'économie qui se rattachent à la question que je traite. Le directeur de l'École polytechnique de Vienne (Autriche), M. Prechtl (1), en examinant quelles étaient les influences que les industries agricole et manufacturière exercent l'une sur l'autre, établit ces trois propositions :

Première proposition. — Entre deux États égaux en superficie et en population, le plus riche et le plus puissant est celui qui est le mieux éduqué pour la morale et l'intelligence.

Deuxième proposition. — De deux États qui sont égaux en quantité et en qualité pour la population, le plus puissant est celui qui maintient sa population sur une plus petite superficie.

---

(1) *De l'influence réciproque des industries agricole et manufacturière*, Vienne ; par M. Prechtl : traduit à Vérone, 1822.

Troisième proposition. — Entre les populations et les superficies égales, l'État le plus riche et le plus heureux dans l'intérieur est ordinairement celui dont le peuple peut se procurer par le travail une vie plus sûre et plus commode.

Les élémens de l'instruction théorique et pratique se trouvent en France irrégulièrement répandus, ils sont encore bien loin d'y être généralisés comme dans d'autres pays voisins.

Les Romains, si profonds dans l'observation, sentirent tellement le besoin de l'instruction agricole, qu'après la prise de Carthage, ils ne réservèrent pour eux que les livres qui traitaient d'agriculture, et abandonnèrent le reste au pillage et aux flammes; ce peuple aurait sans doute retardé l'époque funeste de sa décadence, si un dédain pour les arts utiles, en contribuant avec le luxe à le rendre tributaire des autres nations, n'avait détruit ses premières vertus et ses plus nobles passions.

Les fastes historiques des Romains, qui ont

offert des exemples et des leçons à tout l'uni-
vers, prouvent que les améliorations agricoles
peuvent être considérées sous un point de
vue politique , qu'elles protègent l'avenir ,
qu'elles ouvrent les sources du bon crédit ,
et établissent le bonheur commun.

L'homme qui ne travaille que par routine
se rapproche de l'être qui n'agit que par instinct : ce serait tromper les princes, a dit
M. Leclerc (1), que de chercher à leur persuader qu'il ne faut que des bras à la terre:
« Si les moines silencieux ont eux - mêmes
abandonné les vieilles routines pour suivre les
nouvelles méthodes, il ne faut plus douter
de leur efficacité (2). »

Un célèbre économiste moderne a dit que
l'intervention des Gouvernemens a presque
toujours été avantageuse lorsqu'ils se sont occupés d'économie agricole, et pour appuyer
l'opinion que je présente par de respectables autorités, je citerai encore celle de M. le

_____

(1) *Tableau des richesses de la France.*
(2) *Voyage à l'abbaye de la Trappe.*

comte d'Harcourt, qui a fait des recherches
sur cette même question (1).

« Les étrangers, avant nous et mieux que
» nous, ont reconnu les avantages d'une édu-
» cation agricole, et déjà plusieurs États re-
» tirent les fruits de leur prévoyance à cet
» égard ; malheureusement en France les amé-
» liorations ne sont pas encore généralement
» propagées ; ce n'est qu'autour des villes et
» dans les pays favorisés par leur situation,
» que l'on aperçoit l'heureuse influence d'une
» culture mieux réfléchie. »

Six instituts placés sur cinq points différens, tels que, un dans les environs de Paris, un dans la Sologne, un dans la Bretagne,
un dans la Provence, un dans les landes de
Bordeaux, et un dans l'île de Corse, qui tous
auraient un point central de correspondance
à Paris, formeraient autant de sources primitives d'où jailliraient des idées de perfectionnement ; ils seraient autant de pépinières
d'hommes laborieux qui composeraient une

(1) *Réflexions sur l'état agricole et commercial des provinces centrales de la France.*

classe intermédiaire, nécessaire entre le paysan et le propriétaire.

En Allemagne, il y a des écoles dites *in-
termédiaires*; celles-ci ne produiraient pas un
effet aussi général, mais elles auraient un
avantage de plus, celui de former des hommes pour le bien de la société; plus encore
que pour leurs intérêts personnels.

Quant à l'institut dans l'île de Corse,
comme sa position paraît particulière et qu'il
embrasserait des vues spéciales, j'ai cru devoir les réunir au chapitre IV.

Accueillis dans un asile ouvert à la jeunesse, à l'indigence, aux orphelins, à des
fils de militaires pauvres, environ cent cinquante enfans, élevés à un travail déterminé
suivant les gradations de l'âge; accoutumés à une nourriture saine, mais relative
à leur condition présente et à venir, seraient
appelés à une instruction tendant à faire
naître, à multiplier et à conserver les immenses produits réservés aux besoins de la
société.

Les instituts dont l'objet est de cultiver

l'homme moral et l'homme physique, offrent à leurs fondateurs une garantie que ne
présentent pas ceux qui cultivent seulement
l'homme moral, car leurs travaux étant
sans cesse sous les yeux du public, sont exposés à un contrôle toujours ouvert des actions de ceux qui les dirigent. Ainsi, cette
idée qui tend à former des hommes pour
leur bien-être et celui de la société par
une instruction théorique et pratique, se
détache de celles qu'on ne peut considérer
qu'abstractivement : cela n'empêche pas que,
pour ce qui concerne la religion et la morale, les pratiques ne soient très-scrupuleuse-
ment observées.

" Les environs des villes étant toujours et
plus abondans en engrais, et mieux cultivés
que les pays plus isolés, ces instituts sont
toujours mieux placés quand ils sont loin
des influences perturbatrices des villes ; l'art
qui apprend à produire est assez vaste, ses
ramifications sont assez multipliées pour
occuper l'existence morale et physique d'un
homme, sans qu'il soit nécessaire qu'il en-

tretienne des liaisons avec les classes industrielles et manufacturières, sur-tout pendant
le temps de son instruction.

Les élèves appelés dans ces institutions,
étant destinés à servir de modèles dans les
campagnes, et à former une classe d'ouvriers
conducteurs enseignant et travaillant eux-
mêmes, il serait sur-tout nécessaire qu'il n'y
eût d'admis que ceux d'une complexion ro-
buste, et qui annonceraient d'heureuses incli-
nations. Dans les établissemens de M. de Fellemberg, ceux qui montrent un caractère
violent et indocile, après avoir passé au creu-
set des épreuves pendant plusieurs mois, sont
renvoyés ou à leurs parens, ou dans les maisons d'où ils sortent, si l'on ne reconnaît en
eux rien qui fonde l'espoir d'un heureux
changement, et c'est pour cette raison qu'on
ne les reçoit qu'avec les réserves indiquées.

Beaucoup d'écrivains très - profonds nous
ont donné des notions très-utiles sur la statistique, la minéralogie et l'histoire naturelle
de la France et de ses Colonies; ils ont tracé
la route qui conduit à la connaissance des

ressources locales : concourir à les rendre
profitables fut la pensée dominante de l'auteur de ces essais, si le lecteur juge ses vues
utiles, il aura atteint son but.

C'est par les institutions que l'on conserve
un ordre établi, et elles concourent d'autant
plus à la gloire du siècle et de l'État, qu'elles
se trouvent en rapport avec les besoins de la
société. L'Angleterre n'a plus besoin de la
force des armes contre les nations indigènes
de l'Amérique, elle les contient avec des institutions; elle gouverne les populations immenses de l'Asie avec une faible armée de
deux cent mille hommes, composée en
grande partie d'Indiens. Quand les institutions sont dans l'État, qu'elles ont leurs intérêts dans l'État, elles agissent avec lui pour
sa sûreté, sa gloire et sa conservation.

ARTICLE PREMIER.

ÉDUCATION PRATIQUE.

L'agriculture étant une science de fait, la

pratique doit se présenter avant la théorie ; car cette dernière n'est que l'analyse des expériences, et il est toujours plus facile de parvenir à fixer le jugement du cultivateur quand on lui présente les choses avant les mots, que si l'on suivait la marche opposée.

Dans les arts physiques, ceux qui se borneraient à des théories avanceraient peu la science. « Les exercices sont une continuation » d'études ; on est frappé quand on considère, » pour la marine anglaise, la disproportion » qu'il y a entre la faiblesse des moyens et la » grandeur des résultats (1). » Cette pensée d'un célèbre écrivain trouve son application dans ce qui se rapporte à l'agriculture : pratique et démonstration, voilà la base sur laquelle repose ce plan d'instruction agricole, qui n'est, au surplus, qu'un dessin calqué sur ce que l'on a fait sur divers points en Europe et en Amérique.

---

(1) *Voyage en Angleterre*, entrepris relativement au service public de la guerre, de la marine, et des ponts et chaussées ; par M. Dupin, de l'Académie des sciences.

La division des travaux est fixée suivant les saisons et les âges des élèves ; mais dans aucun cas, il ne doit se passer de jours, si ce n'est ceux que consacre la religion, sans que chacun d'eux soit maintenu dans l'exercice du travail, aussi bien que dans celui de ses facultés intellectuelles. On peut toujours perfectionner les dons de la nature ; en saisissant bien ses lois. Les perfectionnemens dans les sciences de faits ont une action bien grande sur le bonheur de la société ; celles qui sont purement spéculatives ne tracent souvent qu'une route incertaine : si ce qui s'est passé dans les derniers siècles n'en offrait la preuve, la religion elle-même viendrait à l'appui de cette opinion ; car elle veut des faits et des sacrifices.

L'éducation, ont dit plusieurs écrivains, *est comme le fer qui féconde la terre, ou qui la souille de sang ;* mais quand elle porte ses pouvoirs productifs là où il y a abandon, elle ne peut avoir qu'un effet salutaire.

TRAVAUX PRATIQUES.

PREMIÈRE CLASSE.

3 Instructeurs, qui travailleront eux-mêmes, dont deux devront, par la suite, être pris parmi les élèves les plus anciens.

Le labour et la semaison ;

Le fauchage et la moisson ;

L'art de bêcher et de planter suivant les méthodes déterminées par les règles physiologiques des plantes ;

Le battage des grains, le travail pour monder les blés, les fruits, les herbages ;

Les soins à donner aux céréales pour leur conservation ;

L'emploi des moyens adoptés pour anéantir les animaux destructeurs.

DEUXIÈME CLASSE.

3 Instructeurs, qui travailleront eux-mêmes, dont deux seront pris parmi les élèves les plus âgés et les plus expérimentés.

La taille des bois de chauffage et d'ouvrage aux époques prescrites et suivant les méthodes qu'exigent les diverses espèces de bois ;

La taille des arbres fruitiers, mûriers, oliviers et autres plantes utiles ; le travail pour les émonder ;

La taille et les diverses cultures de la vigne (1), la greffe et ses diverses espèces.

6 *Maîtres.*

---

(1) Plusieurs propriétaires, en taillant leurs vignes, ont fait l'essai d'enlever au-dessous du bouton qui doit produire, une bague prise dans l'écorce de la vigne avec un instrument nouveau appelé *le bagueur*. Il paraît que cette opération, en concentrant les fluides, empêche la coulée des vignes : il n'y a que des expériences assez répandues qui puissent fixer l'opinion à cet égard.

6 *Maîtres.*   TROISIÈME CLASSE.

2 Instructeurs,
qui seront
remplacés par
des élèves
après quatre
ans de fonda-
tion.

Culture de pépinières d'arbres fruitiers ;
Mûriers, oliviers, orangers, limoniers,
si le terrain y est propre ;
Semis et ameublissement des bois taillis et
forêts ;
Déblais des terrains, façon de fossés, réparations des routes et chemins vicinaux.

QUATRIÈME CLASSE.

1 Instructeur,
qui travaillera
lui-même, et
sera assisté
par un ou deux
élèves.

Culture des plantes potagères utiles, de
toute nature ;
Culture des plantes médicinales les plus
utiles pour les hommes et les animaux
domestiques ;
Formation des haies et des treilles ;
Arrosage et irrigations ;
Préparations des graines de toute nature,
et soins pour les bien conserver.

CINQUIÈME CLASSE.

1 Instituteur,
qui aurait la
surveillance
sur les travaux
exclusivement.

Le travail pour l'éducation des animaux
domestiques de toute nature ;
Les soins de la laiterie, la fabrication du
beurre et du fromage ;
Le parcage et les pâturages.

Nota. Les soins qu'exigent ces travaux demandant
une continuité de services, les élèves qui y seront attachés y resteront une année agricole entière.

10 *Maîtres.*

10 *Maîtres.*

SIXIÈME CLASSE.

1 Maître, qui aura pour lui deux élèves choisis parmi les plus disposés à embrasser cet état.

Charronage, grosse menuiserie, construction des instrumens aratoires, de meubles et tablettes pour les vers à soie.

Nota. L'art de couper et scier les bois forme une des parties essentielles de l'industrie agricole.

SEPTIÈME CLASSE.

2 Maîtres, qui auront sous eux un élève, chargé de tenir note de leurs travaux, et plusieurs comme apprentis.

Le serrurier et le maréchal pourront travailler dans le même atelier, parce qu'ils peuvent s'entr'aider réciproquement. Le maréchal devrait être aussi maréchal vétérinaire, afin de remédier aux accidens qui peuvent survenir aux animaux domestiques.

HUITIÈME CLASSE.

1 Maître, et plusieurs élèves comme apprentis.

Maçonnerie, constructions des maisons et locaux agraires, des canaux et des petits ponts pour le passage des eaux d'irrigation ;

Ouvrages en pisé ;

L'art de faire la peinture au lait et en détrempe.

Nota. Rien n'est plus nécessaire pour l'agriculture que *l'art de diriger les grosses réparations dans les étables ou les écuries, où en général les campagnards laissent croupir dans la malpropreté les animaux de toute espèce qui servent au train de l'agriculture et à la vie économique du cultivateur.* Il sera donc tres-avantageux pour les propriétaires d'avoir des agens qui sachent employer les ouvriers en hiver pour faire exécuter ces réparations.

14 *Maîtres.*

2.

1 Maître, qui, étant chargé des caves, des magasins, et des denrées les plus précieuses, devra tourner toute son attention et toutes ses études vers ces branches d'économie domestique, afin de pouvoir, sur chacune d'elles, faire des cours publics.

OEnologie ou l'art de faire le vin ; Fabrication des eaux-de-vie et vinaigres ; Manutention de ces trois liquides, ou précautions pour les conserver.

Nota. Dans les vendanges, et lorsque les circonstances l'exigeront, le maître pourra s'adjoindre autant d'élèves qu'il sera nécessaire.

L'éducation des vers à soie, et l'ébourgeonnement des mûriers.

Nota. Ce travail exigeant, ainsi que celui de la fabrication des vins, vinaigres et eaux-de-vie, la pratique des connaissances théoriques approfondies, serait confié au même maître qui est désigné à l'article 4, *Travaux théoriques.*

15 *Maîtres* pour les travaux pratiques, tous travaillant par eux-mêmes.

Comme la plupart de ces instructeurs ne doivent être que des ouvriers dont les travaux journaliers tourneront au profit de l'institution, il en résultera que leur salaire ne peut être que bien compensé par un travail utile.

Pour établir l'émulation entre les élèves, il serait accordé une petite rétribution annuelle à ceux qui, par leur bonne conduite, leur in-

telligence et leur assiduité, se seraient rendus
capables de devenir instructeurs. Cette rétribution serait calculée suivant leurs talens et
leur degré d'utilité; une partie de cette rétribution leur serait délivrée, et l'autre partie
serait versée dans une caisse d'épargne ; ces
sommes leur seraient remises quand ils auraient accompli leur temps dans l'institution.
(. Voyez *Réglemens intérieurs et économiques.*)

ARTICLE II.

ÉDUCATION THÉORIQUE.

C'est par l'application des expériences que
l'espèce humaine est devenue la reine du globe :
l'éducation, qui renferme l'enseignement,
l'exemple et les moyens, s'empare de l'homme
sous mille formes diverses ; elle cultive à-la-fois
son esprit et son cœur; elle le dispose à s'attacher à sa condition, à chérir la religion et à
respecter les lois et le souverain; les développemens de la science agronomique produisent

8.

ces heureux effets ; mais si l'on ne savait point tracer les bornes dans lesquelles ils doivent être renfermés dans une institution, on tomberait dans des dissertations abstraites, qui finiraient par éloigner de l'objet même de l'institution.

L'agriculture étant constamment en rapport avec les trois règnes de la nature, la chimie, la botanique et la géométrie lui offriront des notions très-utiles en théorie et en application.

La chimie : pour les engrais des terres qui sont pris dans les trois règnes ; l'agriculteur qui connaîtra leurs propriétés chimiques saura dans quels cas et dans quel temps il devra en faire usage.

La botanique : sans des notions exactes sur la physiologie des plantes, leurs différens organes, leurs variétés, le cultivateur ne peut prévoir des accidens que la science seule doit lui révéler.

La géométrie : son application est fréquente dans les arts mécaniques, mais sur-tout en agriculture ; un chef d'ouvriers se trouve tous les jours dans le cas de faire faire à l'entreprise un ouvrage quelconque, il faut qu'il estime le nombre de journées qu'on doit y employer ; il faut qu'il estime une meule de foin ou de bois, qu'il établisse un nivellement, qu'il donne pour les arrosages une déclivité à un terrain : sans le secours de la géométrie, il sera exposé à des erreurs préjudiciables.

Les instrumens météorologiques suppléeraient au besoin d'une observation rigoureuse : aussi les anciens, qui n'avaient pas la ressource qu'offrent ces instrumens à l'agriculture, portaient-ils au plus haut degré l'observation. Il est donc très-utile que l'agriculteur apprenne à quel degré de froid la terre gelée lui présente trop d'intensité pour être labourée ; le degré de chaleur qui lui promet une végétation prompte, et les signes qui indiquent un temps brumeux, favorable aux semailles.

TRAVAUX THÉORIQUES.

PREMIÈRE CLASSE.

1 Maître, qui donnerait ses leçons le matin et le soir.

Lecture, calligraphie, arithmétique, tenue des livres nécessaires aux exploitations rurales, géométrie, arpentage ;

Quelques règles de dessin pour figurer les feuilles ou le bois des plantes et distinguer leurs variétés ;

Quelques notions sur l'histoire des rois de France.

DEUXIÈME CLASSE.

Notions de physique et de chimie.

1 Maître, qui sera le même que celui désigné aux *travaux pratiques*, 1x°. cl.

Analyse des terres et des diverses espèces d'engrais ;

Analyse de la chaux et du plâtre comme engrais et pour constructions ;

Analyse de la marne ;

Influence météorologique sur les cultures et semaisons ; usagé des instrumens météorologiques ; baromètre, thermomètre et hygromètre, méthode pour s'en servir avec utilité ;

Observations sur les diverses méthodes de faire le vin, et les différentes espèces d'eaux-de-vie et de vinaigres ;

Moyens pour désinfecter les tonneaux ;

Compositions chimiques pour faire périr les animaux destructeurs.

2 *Maîtres.*

TROISIÈME CLASSE.

2 *Maîtres.*   *Botanique.*

Analyse des plantes, leurs parties constituantes, leurs maladies;

Dissertations sur la végétation, causes qui
  lui nuisent;

Du charbon et de la carie des grains, remèdes;

Différentes espèces de greffes de la vigne,
  et variétés des diverses espèces;

1 Maître.   Dénomination et caractères distinctifs des
  meilleures qualités de foin pour compo-
  ser une prairie fixe et une prairie artifi-
  cielle (1);

Modèles ou dessins exposés pour reconnaître les différentes qualités de fruits, d'a-
  près l'examen des bois et des feuillages
  des arbres qui les produisent.

QUATRIÈME CLASSE.

*Principes généraux d'agriculture, divisés
en dix sections.*

1 Maître, qui   § 1. *Coupe des bois* suivant leur nature,
divisera ces   leur qualité, l'exposition où ils sont,
différentes par-   et la saison; choix des bois pour les
ties d'instruc-   constructions, pour la confection des
tion dans les   tonneaux et pour les instrumens ara-
quatre saisons   toires.
de l'année.

4 *Maîtres,* dont un est compris parmi ceux qui sont attachés aux
    travaux pratiques.

---

(1) A l'article *Italie*, t. 1, p. 180, on trouvera la désignation des
vingt-sept plantes reconnues dans les excellentes prairies du Lodesan
et classées dans l'ordre botanique.

Suite de la quatrième classe.

§ 2. *De la fabrication du pisé.* Qualité des terres à employer pour le pisé, bases à établir, sa durée; couverture des murs en pisé.

§ 3. *Éducation des vers à soie.* Degrés de température dans des chambres chaudes pour leur naissance; distribution des locaux; usage des instrumens à employer dans les coconnières; dissertations sur les méthodes de Dandolo, sur les accidens à éviter.

§ 4. *Formation des forêts et taillis.* Terrains vagues, situations dans les montagnes propres à ce produit; qualités des terres, préparation. (Voir l'art. *Ameublissement des bois.*)

§ 5. *Principes généraux d'hydraulique.* Méthode d'arrosement et d'irrigation; moyens de garantir les bords des fossés, des canaux et des rivières, des corrosions de l'eau; méthodes les plus simples et les moins dispendieuses.

§ 6. *Médecine rurale.* Principes généraux pour la conservation de la santé; composition de breuvages simples et économiques, particulièrement pendant la moisson et les grandes chaleurs; remèdes simples et naturels.

§ 7. *Leçons de clinique.* Dissertations sur l'éducation des animaux domestiques

Le même maître que le précédent.

Suite de la quatrième classe.

utiles à l'agriculture ; précautions à prendre pour éviter les effets pernicieux d'un air trop chaud dans les étables et les écuries ; précautions à prendre pour le part et la génération des gros animaux ; symptômes de maladies, remèdes simples, doses et compositions.

Nota. Il arrive souvent que les agriculteurs éloignés des villes éprouvent des pertes dans les circonstances indiquées ci-dessus : lorsqu'ils auront quelques connaissances théoriques et pratiques à cet égard, leurs intérêts seront moins exposés. Combien de capitaux ont été souvent perdus par le défaut des connaissances les plus utiles dans l'art du vétérinaire !

Le même maître que le précédent.

§ 8. *Usage des instrumens météorologiques*, tels que le baromètre, le thermomètre, et l'hygromètre. Le baromètre, en indiquant la pesanteur de l'air, qui exerce sur les corps de si puissans effets, sert à avertir le cultivateur des précautions nécessaires pour prévenir les épizooties ; le thermomètre indique le degré de chaleur nécessaire pour les différens âges des vers à soie, et l'hygromètre, en indiquant le degré de l'humidité de l'air, annonce au cultivateur le moment où il doit répandre ses petites semences, qui, lorsqu'elles sont semées par un temps sec et clair, sont exposées à être mangées par les fourmis ou autres animaux destructeurs, avant de germer.

Suite de la quatrième classe.

§ 9. *Œnologie et fabrication des diverses es-*
pèces d'alcools et de vinaigres. Fabrication de la garance, du pastel et du sucre
de betterave, dans les terrains propres à
ces divers produits; calculs économiques,
et tableaux comparatifs sur les avantages
qu'ils produisent.

Le même
maître que le
précédent.

Nota. Dans un domaine où le propriétaire veut
suivre la méthode d'une agriculture éclairée, les
champs doivent être, autant que possible, de la même
dimension. Il est facile de les diviser par des files de
mûriers ou d'arbres fruitiers, et si le terrain est humide, par des fossés : chaque champ a un numéro.
En tenant un registre des frais qu'a coûté le produit
du champ numéro semé en lin, et de celui du champ
numéro semé en maïs ou en blé, l'on pourra, par un
calcul simple, éviter les mécomptes.

§ 10. *Des diverses méthodes d'assolement.*
Des prairies artificielles ; méthodes à suivre pour éviter l'épuisement des terres.
On reconnaît qu'une terre est épuisée
quand les épis de blé produisent en général une moins grande quantité de
grains que ceux dans une terre voisine
de la même classe.

Nota. Le meilleur ouvrage qui puisse servir de guide
classique pour les assolemens, est celui de M. Charles
Prelat, de Genève, qui, malheureusement pour la
science de l'agriculture, vient de payer son tribut à la
nature.

ARTICLE III.

RÉGLEMENS ÉCONOMIQUES ET HYGIÉNIQUES DES INSTITUTS
AGRICOLES. — APERÇU APPROXIMATIF DE LEURS FRAIS
ET DE LEURS RESSOURCES.

Quand l'état domestique et l'état moral
d'une institution sont bien dirigés, ils exercent
l'un sur l'autre une influence salutaire : tout
établissement public doit avoir ses réglemens
et ses lois de famille ; ils impriment au subor-
donné le sentiment de l'obéissance , et ne
lui permettent pas de fâcheuses préventions
contre celui qui commande.

L'âge qui convient pour recevoir des élèves
dans les instituts agricoles est celui de sept à
vingt et un ans ; pendant neuf ans, l'institution
n'est pas ordinairement à couvert, par leur
travail , des frais de leur éducation et de leur
instruction ; mais les cinq dernières années de
leur séjour dans ces maisons doivent, d'après
les calculs faits dans les autres établissemens ,
payer les frais qu'ils ont faits avant cette
époque : c'est pourquoi ils ne pourraient être

libres de sortir avant leur temps révolu, à
moins qu'il ne se présentât des circonstances
majeures, prévues par le réglement.

Une caisse d'épargne recevrait, tous les trois
mois, les économies des élèves instructeurs :
ces épargnes seraient composées d'une portion
du petit salaire donné comme encouragement.

Le glanage est ordinairement un produit
qui appartient aux pauvres; ce que les élèves
en retireraient serait employé au profit de
ceux qui, pour cause d'accidens, seraient plus
malheureux que les autres.

La division du temps et des travaux doit
changer suivant les saisons et suivant l'âge et
les facultés des élèves.

Dans les établissemens de M. Robert Owen,
en Écosse, le temps est réglé ainsi qu'il suit :

7 heures de sommeil,
½ heure pour les prières,
½ heure pour les soins de toilette et
de propreté,
10 heures de travail,
6 heures pour les repas, exercices et
récréations.
_____
24 heures.

Cette division paraît susceptible de modifications : sept heures de repos en hiver sont trop pour des hommes forts, et qu'il faut accoutumer à une activité régulière; dix heures de travail pour les plus jeunes paraissent excéder la proportion qui convient à leur âge.

Quant à la nourriture dans les établissemens de M. Owen, les enfans ne mangent de la viande que le dimanche seulement.

La jeunesse, accoutumée à la nourriture des légumes et des céréales, devient plus saine. Cependant l'homme qui fatigue, et dont la complexion a besoin d'être entretenue par des alimens succulens, ne semble pas assez nourri avec une seule portion de viande par semaine; je préférerais qu'on lui en donnât deux fois, le jeudi du bouilli, et le dimanche le rôti.

J'appuie cette opinion de celle d'Arthur Young lui-même, qui dit que l'Italien nourri de maïs, et l'Irlandais nourri de pommes de terre, font un travail que l'on évalue à un tiers de celui du journalier français (1).

---

(1) *Voyage en Irlande* ; par Arthur Young.

Quant aux viandes apprêtées ou étouffées, leur usage paraît inutile dans l'économie domestique d'un institut agricole; je citerai encore à l'appui de cette opinion un célèbre auteur français, qui dit que « Les Égyptiens, ayant reconnu que les hommes qui faisaient usage de viandes étouffées se souillaient souvent par des passions honteuses, les avaient interdites par des statuts qu'ils avaient rendus religieux (1). »

Sans vouloir ramener ces élèves aux mœurs primitives, je ne crois pas avoir besoin d'efforts pour persuader que, dans un institut où il s'agit de former des hommes sains et vigoureux, l'usage des ragoûts et des viandes assaisonnées doit être moins propre à leur santé, que celui du rôti ou autres alimens sans apprêt. Ces règles sont d'ailleurs encore susceptibles de modifications, suivant les différens climats; les habitudes de la vie ne doivent pas être au Midi ce qu'elles sont au

---

(1) *Mœurs des Israélites et des Égyptiens*; par M. de Fleury.

Nord, parce que non-seulement l'économie physique n'est plus la même, mais encore parce que les alimens y diffèrent dans les parties nutritives qu'ils contiennent.

Les avantages de la vaccine sont trop généralement reconnus, pour que cette précaution salutaire soit oubliée dans une grande institution, où la maladie qu'elle prévient pourrait faire tant de ravages.

Les revenus de ces établissemens se composent des objets ci-après désignés :

1°. Vente des grains excédant les besoins;

2°. Échanges de graines de toute nature (voir *Bureau d'échange*);

3°. Vente d'arbres provenant des pépinières ;

4°. Vente de bestiaux et animaux domestiques excédant les besoins;

5°. Vente d'instrumens aratoires confectionnés dans l'institut ;

6°. Vente des soies produit des vers à soie;

7°. Produit des travaux faits par des élèves âgés sur des propriétés étrangères à l'institut ;

8º. Vente de vin , fruits et bois excédant les besoins.

Tous les genres de recette et de dépense devraient être énoncés sur des livres de détails qui se rapporteraient à un journal tenu en parties doubles, de manière à ce que la situation de la caisse et des magasins soit constamment à jour.

Toutes les fois qu'il y aurait dans la caisse une somme qui excéderait les besoins, elle serait versée dans une caisse désignée par l'administration, pour servir, soit au bénéfice de l'établissement, soit à rembourser les dépenses premières.

Dans son *Traité d'économie rurale et alimentaire domestique*, imprimé en 1821 par ordre du Gouvernement, M. Cadet de Vaux dit « Que les règles de la bonne économie » domestique forment le plus solide appui » des trônes. » Ceux qui tiennent à les consolider ne sauraient donc trop s'empresser de mettre la main à une œuvre qui paraît sollicitée par plusieurs raisons d'État.

N'ayant pas recueilli ces recherches dans

la seule espérance qu'elles pourraient avoir un but d'utilité pour le Gouvernement; j'offre encore ici aux personnes occupées, par le pressentiment de l'avenir, des orphelins et des pauvres paysans, un résumé approximatif des frais de première mise de ces établissemens.

En supposant que l'État ou bien des associations privées reçoivent des hôpitaux cent cinquante enfans, ainsi que le montant des frais présumés qu'ils auraient occasionnés, soit pendant le temps de leur séjour dans ces mêmes hôpitaux, soit dans celui de l'apprentissage qu'on leur réservait sous des maîtres, dont quelques-uns, désordonnés, ne sont pas dans le cas de donner de bons exemples, et sont peu sensibles à leur condition, et que ces mêmes frais s'élèvent à cent soixante-deux francs par an,

Cent cinquante élèves à cent soixante-deux francs. . . . . 24,300 fr.

Que le Gouvernement ou des particuliers achètent, dans des landes ou des terres vagues, un établissement de cinq ou six cents arpens, qui coûterait cent mille francs, qui,

Report.... 24,300 fr.

à cause des améliorations qu'il recevra, tant
en engrais qu'en main-d'œuvre, produirait,
y compris le revenu des pépinières (1),
vingt-deux mille fr. de revenu...... 22,000 f.

A déduire,

Montant du capital
avancé............... 5,000 f. } 6,000
Impositions..... 1,000

Reste net..... 16,000

J'établis que les échanges de semences,
les instrumens aratoires vendus, les travaux manuels faits sur d'autres propriétés,
les élèves en animaux domestiques qui forment le revenu de la partie industrielle,
s'élèvent encore à................ 16,000

TOTAL..... 56,300

A déduire,

Intérêt du capital pour frais de première
mise, lequel capital serait remboursé par
le moyen des améliorations qui auraient lieu
progressivement.................. 2,300

Ainsi, il resterait net......... 54,000 fr.

---

(1) Pour exemple des améliorations dont peuvent être susceptibles des
terres négligées ou abandonnées, on peut citer celui de l'abbaye des
Chartreux de la Meilleraye, dont j'ai déjà parlé. Lorsque leur vénérable abbé dom Antoine Meray acheta ce domaine, il ne produisait
alors que seize cents francs, aujourd'hui il donne un revenu de vingt
mille francs. Ainsi ces bons ecclésiastiques ont trouvé dans les entrailles
de la terre le trésor qui y était caché. Combien n'en reste-t-il pas qui
sont enfouis en France dans d'immenses bruyères !

Chaque élève dépenserait donc pour sa nourriture, son instruction et son vêtement, trois cent soixante francs par an.

Mais comme il n'est pas possible d'établir une règle fixe à cet égard, parce que les frais d'une telle entreprise dépendent des emplacemens où seraient situés ces instituts, comme du plus ou moins de développement dont l'idée de leur fondation pourrait être susceptible, je suppose que leurs frais dépassent l'aperçu présenté. Après les avoir considérés dans les rapports de la cause sacrée de l'indigence, contemplons-les dans celui des intérêts politiques.

N'est-ce donc rien pour l'État que de voir changer en prairies fertiles des marais, des lieux infects, enfin l'antre des misères humaines? N'est-ce donc rien pour l'État que de voir des landes et des friches devenir des vallées couvertes des plus riches moissons; que de voir sur des rochers sauvages s'élever des terrasses bientôt ornées de mûriers, d'oliviers, de figuiers, d'orangers et de limoniers?

9.

A la suite de ces considérations viennent
celles des influences que les encouragemens
donnés à la production exercent sur le crédit
public, sur les ressources actuelles de l'État,
qu'ils augmentent en faisant naître de nouvelles consommations ; sur son avenir, qu'ils
protègent en maintenant les élémens de la
force intérieure; sur son état militaire, en
élevant des hommes vigoureux pour défendre ses droits au dehors; enfin sur le commerce, en préparant des denrées à offrir en
échange à ceux qui cherchent à inonder
nos marchés de productions lointaines.

ARTICLE IV.

ÉDUCATION MORALE ET RELIGIEUSE DES INSTITUTS AGRICOLES.

On est fort heureusement revenu au point
de regarder les idées d'une piété sincère
comme le principe fondamental d'une bonne
éducation; de vains essais sur l'art de former
les hommes ont démontré la nécessité de re-

venir à cette base essentielle du repos et du bonheur de la société, et particulièrement du cultivateur, qui ne vit que de son travail, et qui n'a pas de plus grand bien que l'espérance. La loi écrite dans son cœur ne peut lui suffire ; les dogmes que lui expliquent les ministres des autels assurent sa foi ; les exemples qu'ils lui citent, en élevant son ame, lui inspirent le mépris de la douleur, l'encouragent aux privations ; ils allègent le fardeau de ses maux : il prend comme des épreuves les accidens de sa vie ; sa résignation impose silence aux murmures ; les règles qui le dirigent dans son humble chaumière, il ne les doit point à l'exemple et à l'éducation, qui souvent lui ont manqué, mais à la religion, qui lui a appris à mourir ; et *apprendre aux hommes à mourir,* dit Montaigne, c'est leur apprendre à vivre.

Si l'homme, dans la société, n'était contemplé que sous les rapports des besoins physiques, ses passions sont si multipliées, et la fortune est si capricieuse, que bientôt cette société ne présenterait plus qu'une arène sanglante; l'action d'une puissance consolatrice offre à l'homme un guide bien plus sûr que celui des réglemens humains, c'est celui de sa conscience.

Comme il appartient à l'autorité publique de réprimer les délits qui naissent de la mauvaise éducation et du manque de religion, la religion prévient la nécessité des châtimens lorsqu'elle cherche à rapprocher les hommes des dogmes et des pratiques, qui, considérés sous le rapport de la morale politique, sont, suivant un auteur moderne : « La base nécessaire à la société, l'unique appui de l'ame contre l'injustice, le remède approprié à tous les maux (1). »

Xénophon, l'un des premiers hommes qui écrivirent sur l'économie rurale, indique comme le plus important devoir des cultivateurs, celui de chercher à se rendre les Dieux favorables; il trace aussi d'une manière admirable les devoirs de la mère de famille (2).

---

(1) Necker.

(2) Les Économiques de Xénophon, trad. par M. Gail.

La vie du cultivateur n'est point métaphysique; elle est au contraire toute action; en échange des biens précieux qu'il offre à la société, il attend d'elle ceux qu'il ne peut se procurer par lui-même, c'est la connaissance des lois de la justice divine, et l'application de celles de la justice humaine; chercher à l'arracher au joug de ses passions, c'est lui montrer la boussole qui doit le diriger vers la fin de son voyage, c'est préserver la société d'un péril.

Si l'ascendant des habitudes vicieuses est funeste à tous les hommes, il l'est d'autant plus à celui qui est plus près de la nature : de là, la nécessité d'accoutumer les élèves de bonne heure à l'instruction et aux pratiques religieuses.

Les actions du cultivateur prennent naturellement une convergence vers les idées de piété; car la contemplation des œuvres de la nature, qui s'offrent constamment à ses regards, conduit l'homme, dit Sturm, à la reconnaissance envers la Providence (1).

_____

(1) *Considérations sur les œuvres de Dieu dans le règne de la nature* ; par Sturm.

En affaiblissant par de malheureuses doctrines la foi du cultivateur, quelles sources fécondes n'a-t-on pas cherché à tarir ! Y a-t-il rien de plus monstrueux qu'un matérialiste dans un village, qu'un Lovelace dans un hameau ? Ils ne sont ni l'un ni l'autre, répondra-t-on. Et cependant que sont-ils donc ceux qui vivent depuis nombre d'années étrangers à toute espèce de pratiques religieuses ? Ils sont victimes d'un faux orgueil, passion funeste et toujours opposée à l'ordre et aux intérêts de la société.

Le voilà ce vieillard aux cheveux blancs qui revient de ses travaux; les fatigues ont sillonné de rides son front vénérable; il ne compte que des jours laborieux; il n'eut point, comme celui qui vécut dans de brillantes cités, les nombreuses distractions offertes par le luxe, les sciences et les arts : « *Naître, souffrir, mourir fut toute son histoire* (1). » S'il eût été insensible à la voix de la religion, quels biens aurait-il donc eus sur la terre? Sans l'espoir d'une au-

_____

(1) Delille, *Poème des Jardins.*

tre vie, quel prix aurait-il pu attacher à celle
qui ne fut marquée que par une continuité de
fatigues? Quels exemples, quels souvenirs et
quelles espérances eût-il laissés à ses enfans?
Si, au contraire, la religion pratique, l'amie
des hommes, fut son plus ferme appui; si,
chaque jour, sa raison, éclairée et fortifiée
par ses vérités, lui a rendu hommage; si sa
famille, élevée à son exemple et d'après ses
principes, a fui la désobéissance; si elle a
regardé le manque de respect à la vieillesse
et l'oubli des bonnes mœurs comme un si-
gne de dégradation, alors n'allez pas chercher les compensations des biens qu'on rencontre loin des hameaux : la religion a accordé à ce vieillard les plus amples dédomma-
gemens, *parce qu'il savait avant tout respec-*
ter la Divinité (1).

Des recherches récentes, faites en Afrique
par un Français, ont réfuté victorieusement
les assertions de quelques écrivains soi-disant
philosophes, qui ont prétendu que plusieurs

---

(1) *Imprimis venerare Deos.* Virg., *Géorg.*

peuplades sauvages n'avaient point de religion (1) : à l'appui de ces témoignages viennent encore ceux du missionnaire M. Dela-
varre, qui avait une grande connaissance de
la langue du pays; tous ont attesté que le sauvage a une parfaite connaissance d'une cause
première, et un sentiment de reconnaissance
pour les biens dont elle est la source.

Ces connaissances, quoique incomplètes sur
les cultes des peuplades éloignées, conduisent à l'intime persuasion qu'il n'est pas de
peuple qui n'ait sa religion; que ceux à qui
elle n'a pas été transmise ont deviné son
principe et son essence ; qu'il leur manque
le flambeau de ses vérités, dont ils se péné-
trent facilement quand des hommes intrépides
vont les leur offrir, et que le cultivateur
qui, séduit ou entraîné par des passions privées, refuse le seul espoir qui puisse adoucir
sa condition et embellir son avenir, retombe,
sous ce rapport, au-dessous de l'homme sau-

---

(1) *Discours sur la religion des tribus indiennes ;* par
M. Samuel Farmer Garvis. 1820.

vage, dont les délits et la cruauté peuvent être regardés souvent comme les résultats de la faim et de la nécessité.

Il s'est formé, il y a quatre ans, à Londres, une société sous le titre de *Société du Port;* elle a pour but de répandre les instructions religieuses parmi les nombreux matelots qui arrivent et séjournent dans la Tamise ; un grand vaisseau a été acheté à ses frais, et converti en une chapelle propre à contenir sept ou huit cents individus ; les services religieux ont lieu plusieurs fois par semaine ; des signaux donnés de vaisseau à vaisseau indiquent l'heure ; les matelots sont à l'égard de l'Angleterre ce que sont les cultivateurs à l'égard de la France, ils forment la première classe de l'État, sous le rapport de la force et de l'utilité.

Les codes judiciaires, qui commandent aux hommes l'obéissance, en plaçant sous leurs yeux le tableau des châtimens humains, arrêtent moins les délits que la puissance qui pardonne ; le besoin de la vindicte publique contraint la justice humaine à la sévérité ; la religion cherche à vaincre l'homme par les armes qui se trouvent en lui- même : cette seule différence démontre combien 'elle agit pour le bonheur des hommes.

Les préceptes répandent bien dans le cours de la jeunesse une semence qui doit produire d'heureux germes; mais cela ne suffit pas, il faut encore que ceux qui sont préposés à cette œuvre essentielle soient secondés par une action qui doit venir de la société : cette action, c'est le travail.

La religion, alliée à des théories qui établissent la sage répartition du travail, présente l'union de la force et des intérêts de la société; créer le travail, c'est donc créer un auxiliaire à la religion, car il est l'ennemi des vices; il propage la morale dans les actions; il éloigne l'homme des exagérations; il rend inutiles les lois répressives.

Il y a long-temps que l'on a dit que les produits de la terre étaient en raison des mœurs de ceux qui la cultivent, cette vérité trouve son application sur plusieurs points de l'Europe : on peut donc en conclure que tout système social qui arrête le travail ou les développemens d'une industrie nécessaire, est un tort fait à la religion et à l'humanité.

Les ministres de la religion éclairent les hommes par leurs discours, ils les fortifient par leurs exemples; il appartient aux chefs de famille ou d'établissemens d'éducation de seconder ces premiers efforts, en veillant sur les actions de la vie privée des élèves confiés à leurs soins : c'est pour cette raison que M. de Fellemberg, que j'ai cité plusieurs fois, tient, tous les soirs, un conseil de professeurs, dans lequel il reçoit des rapports sur tout ce qui peut concerner la religion et les mœurs de ses élèves, afin de remédier aux désordres qui pourraient s'introduire dans son institut.

Si, un jour, le Gouvernement ou des associations privées reconnaissent un avantage dans le plan que je trace avec l'intention de contribuer à disposer d'avance l'opinion sur son but d'utilité, je crois qu'à moins que ces établissemens ne fussent à proximité d'un village, il serait bien qu'ils eussent un eccl -

siastique chargé de l'instruction religieuse.

Les prières en commun me paraissent faites pour inspirer à la jeunesse plus de zèle,
et pour lui donner plus de retenue dans ses
habitudes; j'ai été à même de remarquer en
Italie que là où les cultivateurs se réunis-
saient pour faire leurs prières en commun,
il y avait plus d'ordre et plus de respect humain.

ARTICLE V.

EXERCICES, RÉCRÉATIONS, GYMNASTIQUE ET CHANT DES INSTITUTS AGRICOLES.

Des récréations appropriées au caractère, à
l'âge et à la condition des individus, sont un
moyen sûr de prévenir des désordres; plus un
être est faible, et moins il sait résister à l'en-
nui : il est donc sage de le diriger dans ses dé-
lassemens, après l'avoir dirigé dans ses travaux.

La *gymnastique*, qui offre les moyens de
développer l'adresse et l'agilité, est bonne
pour toutes les classes, parce qu'il arrive sou-

vent que les forces physiques servent très-
peu sans les moyens de les bien employer, et
que presque toujours un homme fort et mal-
adroit vaut moins qu'un homme plus faible
et plus adroit : d'après cela, l'on peut conclure
que la gymnastique ne doit pas être négligée
par un Français, et que, dans les travaux des
champs comme dans les exercices militaires,
et sur-tout de la marine, il ne doit jamais perdre de vue que l'habitude de la précision et la
dextérité lui ont obtenu de la célébrité dans
les arts, et dans les fastes militaires des titres
de gloire et des avantages incontestables.

Mais pour le cultivateur, l'art de la gymnastique est nécessairement resserré dans un
cercle plus étroit qu'il ne doit l'être pour un
militaire, ou pour un homme répandu dans
le monde, le seul but de ce genre d'exercice
étant la santé et l'adresse pour celui qui est
destiné à l'agriculture.

La gymnastique a été adoptée dans tous les
colléges militaires en Angleterre, et plusieurs
médecins ont observé que les enfans qui s'y
livraient étaient généralement plus sains que

les autres, qu'ils étaient aussi moins sujets aux rhumes.

L'exercice du tir à la cible pourrait être permis aux élèves les plus âgés pendant certains jours du mois, c'est la récréation favorite des jeunes Suisses, et l'on sait que c'est le pays où la jeunesse est le plus disciplinée.

Les anciens regardaient l'exercice du chant comme propre à favoriser le développement des facultés physiques, à augmenter la force des poumons et de la poitrine, à élever et à adoucir les passions; considérant cet art sous le point de vue moral, ils voulaient en régler le ton et le sentiment; l'Aréopage condamna *au blâme* un musicien qui avait changé l'esprit du chant.

L'habitude du chant méthodique et par parties est considérée en Suisse et en Italie comme un moyen d'adoucir les mœurs; des chants bien harmonieux dans les temples remplissent l'ame de l'idée de la majesté divine, et les hymnes de gloire entretiennent l'amour de la pâtrie.

Dans les établissemens agricoles de la Suisse,

les élèves ont encore une portion de terrain
qui leur est abandonnée, où chacun d'eux
cultive par récréation son petit jardin : c'est
un moyen de faire naître en eux le désir des
expériences.

Les élèves d'Hoffwyl entretiennent des chè-
vres, des lapins et des pigeons, auxquéls ils
donnent leurs soins dans leurs récréations :
j'ai vu plusieurs d'entre eux faire des promenades dans de petits chars conduits par des
chèvres ; lorsque ces animaux, qui font l'objet de leurs amusemens, multiplient, c'est
un moyen pour eux d'offrir des secours aux
pauvres du canton, ils leur donnent des
chevreaux, des lapins et des pigeons : ainsi le
but louable de la bienfaisance n'est point
étranger à leurs amusemens ; ils choisissent
même pour faire ces dons la veille des fêtes,
afin que le malheureux ait aussi sa part dans
les petites douceurs dont ils jouissent ces
jours-là.

ARTICLE VI.

DE L'UTILITÉ D'UNE INSTITUTION THÉORIQUE ET PRA-
TIQUE D'AGRICULTURE DANS L'ILE DE CORSE.

La Corse a été réunie à la France en 1768
(il y a cinquante-sept ans); plus de la moitié
de l'intervalle qui s'est écoulé depuis l'époque
de cette réunion jusqu'à nos jours, s'est passée
au milieu des vicissitudes politiques. Louis
XVI, qui voulut faire beaucoup pour cette
ile, fit commencer des routes ; on y propagea
sous son règne la culture du mûrier ; mais
les travaux qui eurent lieu n'ont pu atteindre le but désiré, celui d'établir des commu-
nications plus directes entre les villes et les
villages; car en pratiquant des chemins , on a
dû chercher les lieux les moins élevés et les
pentes les moins rapides, pour en rendre les
travaux plus faciles et plus économiques :
ainsi, ces chemins ne conduisent point aux
lieux escarpés, où les guerres éternelles qu'ont
éprouvées les Corses ont forcé une portion de
la population d'aller s'établir.

Depuis l'an 119 de J.-C, ce peuple a passé sous soixante-treize dominations ; la république de Gênes, qui posséda la Corse avant la France, pendant le cours de 542 ans, luttant contre les Pisans, les Espagnols et le pouvoir des Papes, a rendu cette île un champ de bataille et d'exactions, ce qui dut lui aliéner l'esprit et l'affection de ses habitans. Le sénat de Gênes, ombrageux à l'époque de la décadence de la république, voyant l'énergie des Corses, préféra le parti de les armer les uns contre les autres pour les affaiblir et les gouverner, à l'emploi de ses forces militaires, moyen plus noble, mais qu'il appréhendait.

Cette fausse politique, présage de l'agonie de la puissance des Génois, a dû influer sur le caractère d'un peuple obligé de lutter contre une injustice prolongée ; mais parce que l'abus du pouvoir de ses anciens dominateurs a laissé dans son sein quelques germes de ressentimens particuliers, ce n'est pas une raison pour envelopper dans une prévention funeste aux intérêts de la Corse et de la France elle-même des masses qui, dans les crises po-

10.

litiques, sont très-souvent étrangères aux intérêts et aux passions qui les dirigent.

Les lois injustes du Gouvernement des Génois contribuèrent à maintenir cette population sur la défensive; en fuyant l'esclavage,
une partie fut obligée de vivre sur des terres
peu productives, où elle ne trouva que la misère et l'ignorance. Dans cet état, dont les défauts appartiennent à ceux qui gouvernaient
les Corses, ils ne purent parvenir que tard à
reconnaître le Gouvernement plus doux et
plus humain du Roi de France, dont ils
étaient devenus les sujets.

Sans des motifs graves, une population
nombreuse ne se détermine pas à quitter des
plaines fertiles pour aller habiter sur des
rochers : quelques traits suffisent pour faire
connaître combien le Gouvernement de la
république génoise fut oppressif et injuste
envers les sujets qu'il tenait sous son joug.

Les Génois avaient accordé aux Corses un
syndicat composé de dix magistrats, dont
huit étaient pris dans l'île et présidés par le
gouverneur, qui était génois; mais, par une

disposition aussi injurieuse que bizarre, les
huit voix des magistrats corses ne comptaient
que pour deux, de sorte que la voix du gouverneur et celle des deux magistrats génois
assuraient toujours la majorité en faveur de la
république; dans les guerres que soutinrent
les Corses, la république de Gênes partagea
avec les vainqueurs les dépouilles des vain-
cus; après cela, elle tomba sur les vainqueurs
eux-mêmes, et elle dépouilla les Corses de
tous emplois, offices et dignités dans leur
pays (1). Elle leur interdit le commerce, avilit
le prix de leurs productions, et fit payer
fort cher celles qu'elle leur offrait; enfin,
en 1453, elle céda ses revenus ainsi que son
gouvernement à la banque Saint-George,
dont les directeurs les cédèrent, en 1465, au
duc de Milan. Jouets de la politique d'une puis-

---

(1) Ce reproche, fait à l'ancien Gouvernement de
Gênes par Demeunier, auteur de l'*Économie politique et
diplomatique*, est justifié par différens décrets du sénat
des seizième et dix-septième siècles, qui véritablement
excluent de tout emploi non-seulement les Corses, mais
encore ceux nés en Corse même de père et mère génois.

sance mercantile, les Corses furent vendus
et achetés suivant qu'il convint aux intérêts
de leurs nombreux maîtres. Quels effets ne
dut pas produire sur des hommes d'un caractère d'une trempe forte, une condition
aussi rigoureuse ? * .

Telles furent les principales causes qui changèrent en plaines stériles un des pays les plus
fertiles de l'Europe ; la dépopulation suivit l'injustice et les persécutions ; les terrasses élevées
par l'industrie agricole pour retenir les terres, manquant de réparations, s'écroulèrent,
et le temps entraîna, après la terre végétale,
des matières schisteuses et des portions de
roches, qui couvrirent du deuil de la stérilité des vallées autrefois si fécondes.

., Mais au milieu des désordres de la nature, tristes effets des abus d'un pouvoir faible et ombrageux, qui a long-temps gouverné
ces insulaires, on voit encore sur cette terre
les traces de cette pompeuse végétation qui
ne trouve dans aucun pays de l'Europe un
terme de comparaison.

Le climat de la Corse est à-peu-près le

même que celui de la Provence ; mais la terre
y est bien plus abondante en sucs végétaux ;
on ne trouve nulle part de plus gros oliviers que ceux des environs de Calvi ; la
Provence, l'Aragon, la Sicile n'offrent point
d'aussi beaux arbres ; sous ces débris de terre
et de cailloux, qui ont un aspect stérile et
sauvage, les racines de cet arbre trouvent
une terre excessivement fertile.

Les mêmes raisons qui rendent le sol et le
climat aussi favorables à la culture de l'olivier,
présentent les mêmes avantages pour le mûrier
et la vigne, et autres arbres et arbustes utiles.

La première impression des voyageurs en
Corse est celle que ce pays est généralement
stérile ; suivant M. Cadet, de Metz, cette île
contient en terres cultivées, plantées ou boi-
sées, 621,402 arp. 40 perch., ci.   621,402 40

En terrain cultivable et dé-
laissé, 576,426 arp. 50 perc., ci.   576,426 50

En marais, étangs, roche et sol
rocailleux, 874,612 ar. 25 p., ci.   874,612 25

TOTAL. . . . 2,072,441 15

mais comme dans les terres cultivées, il y en

a la plus grande partie plantée en bois et sur-
tout en marronniers, dont les fruits forment
le principal aliment de la population, qui se
trouve logée vers les sommets des montagnes,
il résulte de ce calcul peu compliqué qu'il reste
à mettre en culture une quantité de terre qui
va bien au-delà du double de celle déjà cultivée.

Si, comme le rapportent plusieurs auteurs
qui citent l'antiquité, la Corse a eu jusqu'à
trente-trois villes, on peut juger ce qu'elle fut
en population. C'est précisément parce qu'elle
a été autrefois très-cultivée, qu'elle se présente aujourd'hui, dans les cantons où il y a
abandon total, au-dessous de l'état de la
nature : les terrasses qui retenaient la terre
végétale se sont écroulées ; les fleuves ont
disparu de leur cours et ont formé des lacs ;
la plaine de Bastia à Porto-Vecchio présente
des restes de belles vallées, maintenant entre-
coupées par quantité de rivièreset de ruis-
seaux, qui la parcourent irrégulièrement et
laissent, dans leur course vagabonde, des
eaux stagnantes insalubres, qui répandent
un air infect, et donnent aux étrangers et

aux indigènes l'opinion la plus défavorable
sur cette contrée ; c'est cependant là que
l'on trouve encore les restes de la ville de
Mariana, bâtie par Marius ; c'est dans la partie orientale que les Romains faisaient leur
séjour, et c'est encore là qu'ils établirent
un préside dans la ville d'Atalia, qui contenait
alors soixante-dix mille habitans.

Le golfe de Saint-Florent est immense,
et pourrait présenter de grands avantages
au commerce et à la navigation, si ses environs n'étaient infectés par un air malsain
provenant des marais ; c'est ce qui en bannit
toute espèce d'industrie agricole et manufacturière. Des fièvres attaquent, tous les ans,
les postes militaires qui sont dans ses environs ; elles y prennent, sur la fin de l'été et
dans les six premières semaines de l'automne,
un caractère putride et malin, et il n'y a pas
de meilleur moyen, dit Volney, pour s'en
guérir, que d'aller habiter les postes de Vi-
vacio et Vizzavano, qui sont placés comme
des nids d'aigles (1).

(1) L'expression de Volney est très-énergique ; il est

Pour inspirer à la portion incivilisée des habitans de cette île cette confiance qui pourrait les déterminer à quitter leurs ro-chers, leurs bois de marronniers, leurs chè-vres, et quelques maigres bestiaux, qui, ne suffisant point à leur nourriture, les mettent dans le cas de s'armer, de venir troubler le repos et de violer le droit des habitans des plaines, quand la nécessité leur fait la loi, des proclamations sont insuffisantes, et des me-sures de répression se confondent, dans leur ignorante barbarie, avec les souvenirs des vio-lences que leurs pères ont éprouvées : pour détruire ces souvenirs, et rappeler ce peuple à la civilisation, il n'y aurait qu'à lui en mon-trer les bienfaits, en commençant par atti-rer la population sur un point, en assainis-sant, en pratiquant des desséchemens, et en donnant aux eaux la direction qu'elles ont abandonnée; car l'eau est le trésor de la terre et des hommes qui l'habitent si ceux-ci savent

---

certain cependant que deux lieues au-dessus de Saint-Florent l'air a déjà perdu de sa malignité.

bien l'employer, et elle devient au contraire
leur fléau s'ils négligent de la bien diriger.

Mais pour arriver à un but dont on se figu-
rera sans peine les heureux résultats, qui
pourraient verser dans le commerce français,
en huile et en soie, pour plus de quarante millions de denrées qu'il tire de l'étranger, il faudrait des mesures de prévision ; car la régénéra-
tion de l'industrie agricole ne peut pas pro-
venir de peuplades que d'anciennes violences
ont réduites à un état demi-sauvage ; l'instinct
du bien ne peut naître chez elles que par
imitation ; pour que la Corse devienne utile
et productive à la France, il faut que la France
commence par être utile et productive à la
Corse : le plus faible attend toujours son
bonheur du plus fort, et comme dans l'ordre
social tout se lie, il en résulte le bonheur
commun.

Un institut agricole dans l'île de Corse
pourrait répandre dans toute la contrée une
heureuse émulation ; les hommes, quelque ar-
riérés qu'ils soient, sont toujours sensibles à
la vue du bien ; les produits les plus suscepti-

bles d'enrichir nos manufactures et nos arts
sont précisément ceux que l'on peut y cultiver avec le plus de succès.

Les raisins de Corse, soit pour manger, soit
pour sécher, sont les meilleurs que l'on connaisse ; les anciens comparaient cette île à
celle de Chio pour la fertilité (1); plusieurs
modernes prétendent qu'avec plus de soin on
pourrait avoir des vins comparables à ceux de
Xères, Chypre et Malaga, et que ceux des
Pièvres (2), *de Murani et de Campoloro*, n'auraient pas besoin d'emprunter un nom étranger pour acquérir de la réputation.

On obtient, en Corse, la même qualité de
paille que celle de Toscane, dont on se sert
pour les chapeaux de femmes. La culture du
coton herbacé devrait y offrir un produit plus
assuré que dans le département de la Gironde,
où il est cultivé; les figues y viennent abon-
damment; les orangers sauvages s'y trouvent
en quantité; en prenant soin de les greffer et

(1) *Économie politique et diplomatique.*
(2) *État de la Corse;* par Cadet, de Metz.

de les entretenir, il est probable qu'ils don-
neraient des oranges aussi belles que celles
que nous tirons de l'extérieur. L'indigo a offert
d'heureux résultats à ceux qui se sont occupés
de sa culture.

Les grands végétaux cultivés dans cette île
y sont d'une taille et d'une qualité bien supé-
rieures à celles des autres contrées de l'Europe.

Le larix, le chêne, le cèdre, l'érable, le
platane qui sert à assainir les lieux maréca-
geux, le châtaignier, le frêne, le sapin gar-
nissent quelques parties de ses montagnes,
qui sont inépuisables en bois de mâture.

Mais le bois de mâture n'est pas la seule
ressource que cette île offre à la marine:
ses terres, bien cultivées et bien défendues
par des fossés contre les ravages des eaux,
donnent le meilleur chanvre et de très - beau
lin, à cause de leur base, qui offre une terre
végétale très-profonde. Quant aux animaux,
toutes les races ont besoin d'y être renouvelées.
Là où l'existence de l'homme n'est pas assurée,
les animaux domestiques partagent en quelque sorte sa condition; les vallées arides qui

se trouvent entre les anfractuosités de ces rochers escarpés, ne peuvent que bien difficilement suffire aux besoins de la vie : on ne
doit donc point s'étonner si tous les animaux
domestiques y sont frêles et de petite taille ;
on remarque néanmoins que les chevaux et
les mulets y sont forts et très-adroits, et cette
dernière qualité leur vient sans doute de la
nécessité dans laquelle ils sont de s'habituer à
choisir le chemin dans des sentiers mal frayés.

Il faut que le spectateur qui parcourt cette
île juge son sol, non sur sa couche superficielle, mais sur le développement des
grands végétaux qui se trouvent dans quelques situations, et qu'il calcule ce que peut
encore devenir cette terre, si ce n'est par ce
qu'elle fut dans le temps de sa prospérité, au
moins par les indices de productions qui s'é-
chappent au milieu de l'abandon et des désordres dont elle offre le tableau.

Celui qui aurait pu faire beaucoup pour
ses compatriotes n'a rien fait pour eux (1); il

---

(1) Buonaparte.

est peut-être réservé à des mains généreuses
de faire renaître dans cette île les anciens ornemens dont la nature l'embellit autrefois; il
n'est pas impossible d'adoucir le caractère fa-
rouche de quelques portions de ses habitans.
Si des injustices prolongées ont fait chez ces
montagnards, d'un naturel âpre, des plaies
profondes et toujours saignantes; s'ils sont
vivement sensibles à l'outrage, on assure
aussi que le souvenir d'une action généreuse
ne se perd point dans leur mémoire.

Pour rappeler l'île de Corse à un état de fertilité dont elle est susceptible, un moyen qui
devrait précéder celui qui a été proposé par
divers conseils généraux et par des hommes
qui se sont occupés du bien-être de cette île,
c'est le partage des biens communaux. Les
communaux, en Corse, sont les sources
réelles des plus grandes calamités. Le propriétaire dont les biens sont enclavés dans les
communaux ne peut les faire cultiver que lorsque la commune a décidé d'ensemencer cette
partie de terrain, ce qui n'arrive souvent que
tous les six ou sept ans. Les communaux fa-

vorisent les idées d'une fausse indépendance,
occasionnent des querelles de commune à
commune, de particulier à particulier, car leurs
limites sont souvent indéterminées. En Corse,
il y a bien plus de terrains en communaux qu'en
propriétés. L'ancienne province corse, appelée
la Balagne, dont Calvi est le chef-lieu, est
très-riche et très-productive, parce que les
communaux y ont été partagés : ce seul exemple suffit pour démontrer combien il serait
avantageux que des mesures législatives mis-
sent ce pays dans le cas de fournir à la métro-
pole les produits qu'elle cherche souvent
ailleurs (1).

Il est difficile qu'on ne se pénètre pas de
l'idée que des habitudes vicieuses sont indestructibles, quand on ne veut pas se donner la peine de chercher à connaître les causes
qui les ont créées : la dévastation d'un côté,
de l'autre la fierté nationale, qui repousse

_____

(1) L'Angleterre et la Suède doivent au partage des
communaux une grande partie de leur prospérité agricole.   \

tout ce qui paraît humiliant, ont contribué
au dépérissement de l'île.

L'autorité publique en Corse, quelque
juste qu'elle soit, est toujours vue avec prévention, parce que le souvenir d'une ancienne
oppression a maintenu dans l'esprit des habitans l'idée que l'autorité n'existe que pour
les opprimer ; et cette prévention est d'autant
plus difficile à détruire qu'ils sont plus ignorans ; mais s'ils sont rebelles à des ordres,
ils se rendront sûrement à des exemples. Tout
ce qui a lieu en Europe maintenant en offre
la preuve : des institutions qui travaillent
dans le silence arrêtent le vagabondage et la
mendicité, et si l'on jugeait à propos d'en
établir une en Corse, et même d'y former des
planteurs pour nos îles, ainsi que j'en ai offert le projet à l'article *France*, elle présenterait de nombreux avantages.

1°. Elle diminuerait insensiblement les frais
que coûte à la France l'administration civile
et militaire de cette île, en rendant les délits
moins fréquens et par conséquent les frais

2.   11

de justice moins dispendieux, et la surveillance moins nécessaire.

2°. En multipliant les productions, elle
contribuerait à augmenter les impôts indi-
rects perçus sur les consommations et les importations ;

3°. Composée de colonnes nomades et mo-
biles au besoin, elle commencerait un système
de défrichement de l'île, et des travaux faits
avec cet art et cette précision qui font conce-
voir d'heureux résultats ne manqueraient pas
d'imitateurs.

Les ouvrages exécutés sur les propriétés de
l'État, soit en plantations de routes, soit en
desséchemens de marais, seraient faits par
l'institut, à valoir sur le remboursement des
avances que l'État devrait lui faire pour les
frais de sa fondation.

Ceux faits sur les propriétés des particuliers
grèveraient la propriété d'un capital à rente à
quatre pour cent, remboursable dans vingt ans.
Le montant de cette rente serait perçu comme
les impôts, afin d'éviter à un institut les frais
et les inconvéniens d'une perception.

Quel est le propriétaire qui ne consentirait
pas à établir sur son domaine des améliorations
qui ne seraient remboursables que dans vingt
ans, puisqu'à l'époque du remboursement, le
revenu de ces améliorations ou de plantations qui seraient dans la force de leur rapport serait assez considérable pour lui permettre l'acquittement d'un capital que le
temps aurait rendu décuple de sa valeur primitive, sur-tout quand ces améliorations con-
sisteraient en plantations d'arbres qui donnent des produits annuels, tant en feuilles
qu'en fruits?

Plusieurs vues utiles sur le tableau économique de l'île de Corse ont été présentées
au Gouvernement; M. Meyard a indiqué la
fondation de trois couvens comme un moyen
d'appeler à l'obéissance et à la concorde les trois
vallées qui offrent le plus d'inquiétude sous
le rapport de l'insoumission. Quels que soient
les moyens que l'on emploie, pourvu que le
bien s'opère, pourvu qu'on rende la Corse
productive et utile à la France, l'objet principal sera rempli : je suis d'ailleurs très-éloi-

gné de penser que le plan que j'offre ne soit pas dans le cas d'être modifié.

C'est à l'aide de l'application, de l'exemple, de l'étude et de l'observation, que l'on pourra faire disparaître des impressions anciennes qui ne sont pas indestructibles. Si l'on cherche à travers les ruines des siècles ce que fut ce peuple, on est forcé de lui accorder des qualités recommandables : il eut le courage de refuser d'envoyer à Babylone des ambassadeurs pour reconnaître la monarchie universelle d'Alexandre; au rapport d'Hérodote, il repoussa, dans un combat naval, les Tyrrhénéens et les Carthaginois ligués contre lui; et si, dans les temps modernes, commandé par Paoli, habile général et adroit négociateur, il prouva son indignation contre la République génoise qui l'avait vendu, il y a lieu de croire qu'il sera sensible aux bienfaits d'un Gouvernement fort, qui, appréciant les causes de ses malheurs passés, cherchera sans doute à créer les moyens d'aisance et d'industrie agricole que procure un travail fait d'après des méthodes intelligentes et soutenues. On ne craint pas de dire que l'humanité, la morale et la justice se joignent à la raison d'intérêt public pour renouveler un vœu que la bienveillante intervention du Gouvernement peut seule réaliser.

ARTICLE VII.

BUREAU D'ÉCHANGE DE SEMENCES POUR LA PROPAGATION DES DIVERSES ESPÈCES ET VARIÉTÉS DE GRAINES, TENU PAR LES INSTITUTS AGRICOLES.

Les graines céréales et fourragères, celles qu'on destine au jardinage, toutes les semences enfin dégénèrent sensiblement lorsqu'elles reparaissent pendant une longue suite d'années dans le même terrain ; elles fatiguent le sol qui les reçoit ; au moins c'est ainsi que s'exprime l'agriculteur : il en résulte deux inconvéniens, altération de la qualité, et diminution de la quantité.

Les blés qui proviennent des pays méridionaux conservent sur les autres, dit Duhamel, l'avantage de la précocité ; il ne doit donc pas être indifférent de les semer dans

les terres où l'on veut avoir un second produit à récolter au commencement de l'automne, comme le panis, le petit maïs, le
petit millet et les raves.

Mais si les semences des pays méridionaux offrent cet avantage, elles sont aussi
plus sensibles aux variations de l'atmosphère
que celles qui proviennent des contrées sep-
tentrionales : ainsi les premières convien-
dront dans un pays où l'on craint les gelées
hâtives de l'automne, et dans les terres trop
fécondes, comme celles de l'Italie, qui permettent d'attendre un second produit. Les se-
condes seront plus convenablement employées dans les terres froides et les expo-
sitions au nord. Il arrive de là que celui qui
veut varier ses assolemens a besoin de semences qui proviennent de différens climats.

M. de Saussure dit que l'altération dans
les qualités des grains arrive ordinairement
par l'effet d'une saison trop rigoureuse ou
trop inconstante : en 1823, les pays qui tiennent aux Pyrénées et aux Alpes, et presque tous
ceux de montagnes, ont été, suivant les rap-

ports météorologiques, exposés à des tempêtes désastreuses et à des pluies abondantes,
qui ont nui à la qualité du grain ; et en 1824
les pays de plaines furent particulièrement
affligés par les mêmes intempéries. On connaît ce qui est arrivé en Hollande et en Alsace. Dans ces cas de malheur que ne peut prévoir le cultivateur, s'il n'a pas les moyens de
renouveler ses semences, il confie à la terre
un mauvais grain, dont le produit diminue de
beaucoup le prix de ses fatigues : il serait à
l'abri d'un pareil préjudice, s'il trouvait, comme
cela se pratique dans un pays de l'Amérique
septentrionale, à renouveler ses grains, soit
par le moyen de l'échange, soit par celui de
l'achat.

Les habitans de New-Yorck ont voulu prévenir ces désavantages, en établissant dans
cette ville même un *Bureau d'échange pour
les diverses espèces et variétés de grains*, qu'ils
ont doté de dix mille dolars, ou cinquante
mille francs.

Le vénérable abbé de Meilleraie, près
Nantes, qui, à son retour d'Angleterre

après les malheurs d'un long et honorable
exil, a fondé dans le département de la Loire-
Inférieure un établissement à-la-fois religieux, industriel et agricole, a introduit
dans cette contrée l'usage de graines fourragères, particulièrement de celle du *ray-grass*,
qu'il fait vendre à des prix modérés aux habitans; ce qui remplit une partie de l'objet du
bureau d'échange. Mais ces vues bienfaisantes
ne sont avantageuses qu'à une petite contrée
de la France, et n'équivalent point à des
expériences faites en grand, et à un système
d'amélioration générale.

Cette véhémence de végétation que conservent les plantes transplantées d'un pays
dans un autre ne dure qu'un court espace
d'années : de là naît le besoin de déterminer
la coutume à suivre pour un échange pério-
dique, et il ne peut appartenir qu'à une institution spéciale de recueillir les résultats des
expériences, pour fixer la loi qui doit guider
une agriculture éclairée.

Établissons, non comme hypothèse, mais
comme aperçu approximatif, que la consom-

mation en blé de trente et un millions d'habitans est de vingt-cinq francs par tête, enfans
et vieillards compris : la consommation générale en blé serait donc pour la France de
sept cent soixante - dix millions ; admettons
qu'une méthode plus perfectionnée dans l'ordre de la seminaison gagne sur ce produit,
en général, un avantage de dix pour cent, il
résultera un gain ou une valeur reproductive
de soixante-dix millions : car ce capital, devenant inutile dans la consommation, déter-
minera à réduire la culture des champs semés en grain, et à augmenter celle de ceux
qui sont mis en prairies artificielles, ou autres espèces de récoltes utiles. Ce calcul suffit pour faire voir que lorsqu'il s'agit d'un
perfectionnement dans la culture d'une denrée de première nécessité, les plus petites
économies présentent de grands résultats.

La disette de l'année 1766 produisit en
France des maladies graves ; celles de 1815
et 1816, de douloureuse mémoire, exercè-
rent en Italie de bien funestes ravages ; des
myriades d'hommes furent réduites à vivre

d'herbes et de racines : ce fut aux époques de ces calamités que se développèrent les épidémies qui furent le fléau de l'espèce humaine. Si les cultivateurs eussent pu échanger leurs grains contre de meilleurs pour leur seminaison, le fléau ne se serait sans doute pas renouvelé les années suivantes : ce qui a eu lieu.

Il serait bien inutile de chercher, pour atteindre le but des bureaux d'échange, des créations spéciales. Si l'on établissait des écoles d'agriculture, réclamées aujourd'hui par un concert de vœux auxquels s'est joint le respectable abbé de Meilleraie, dont j'ai déjà parlé, ainsi que le Préfet du département de la Loire-Inférieure, alors la vente des semences offrirait aux acquéreurs une garantie d'autant plus grande, que ces instituts se serviraient eux-mêmes de cette même qualité de graines pour leur seminaison.

Si l'on jugeait à propos de former dans les divers points principaux de la France agricole des instituts-modèles, il pourrait s'établir entre eux un concours d'expériences et d'échanges de semences qui contribuerait à la prospérité de la vie agricole, et étendrait les sources de l'aisance, si nécessaire à l'exécution des vues vastes et généreuses du Monarque, qui veut fermer les dernières plaies de la révolution.

ARTICLE VIII.

PÉPINIÈRES POUR L'AMEUBLISSEMENT DES GRANDES ROUTES ET LA PROPAGATION DE LA CULTURE DU MURIER ET AUTRES PLANTES UTILES, TENUES PAR LES INSTITUTS AGRICOLES.

Les anciens avaient tellement reconnu qu'il importait à l'intérêt de la société de veiller à la conservation des bois, que le premier conseil de la Grèce, créé pour veiller aux intérêts généraux des différentes ré-publiques, le Conseil des *Amphictyons*, s'était attribué la surveillance des bois.

Le quatrième roi de Rome (Ancus Martius) réunit les forêts au domaine public (1); les Romains n'ont pas méconnu les effets de la dévastation des bois plantés sur les montagnes; car Pline dit : « Quelquefois en abat-

(1) *Économie politique et diplomatique.*

tant sur une colline des arbres dont la cime attirait les nuages, et qui se nourrissaient de leur humidité, on a vu couler des torrens qui ravageaient les campagnes (1). »

La loi des Arabes protégeait particulièrement les arbres fruitiers (2).

En Turquie, et sur-tout en Albanie, on conserve encore un respect religieux pour les arbres antiques.

Les temples des druides n'étaient que des forêts, au milieu desquelles ces prêtres établissaient le culte qu'ils rendaient à leurs Dieux (3).

Les forêts réunies au domaine sont la conséquence de mesures réglementaires, conservatrices des ressources nécessaires aux arts, aux garanties et aux besoins de l'avenir ; car il faut de cent vingt à cent quarante ans

(1) *Pline*, liv. XXXI.

(2) *Itinéraire en Espagne* (Malte-Brun).

(3) Le mot *druide* vient du grec *drus*, qui veut dire chêne. *Siècles de la monarchie française*; par M. le comte Achille de Jouffroy.

pour élever un beau chêne, et si les domaines de l'État fussent passés aux mains des
particuliers, quel est celui qui aurait con-
senti à acheter un bien d'une telle nature,
et à en payer les impôts, quand il n'offre de
produits qu'après que trois ou quatre géné-
rations l'ont possédé sans utilité ?

La dégradation des bois est un attentat
public, et l'indifférence des réglemens pour
parer aux désordres qui en résultent est un
tort grave envers le pauvre, si malheureux
sur-tout quand il manque de combustible.
« Des précautions religieuses et législatives
» n'empêchèrent pas, dit M. Reignier, dans
» les siècles de barbarie, la destruction des
» forêts ; elle fut au point que les Arabes fu-
» rent obligés de brûler la fiente desséchée
» de leurs animaux domestiques (1). »

Heureusement cette partie des ressources
du territoire français n'a point échappé à la
sollicitude royale, puisque une des premiè-

_____

(1) *De l'économie publique et rurale des Arabes et des Juifs.*

res ordonnances de S. M. Charles X fut celle de la fondation de l'École forestière de Nancy.

Henri IV conçut le projet de former une marine, et le prévoyant Sully s'occupait des soins de garnir ses arsenaux sans le secours de l'étranger.

La plantation des bois et des arbres utiles est à considérer sous trois points de vue: 1°. sous celui des constructions maritimes, des édifices publics, privés et ruraux; 2°. sous celui de l'importance du bois comme combustible; enfin sous celui de l'industrie agricole et manufacturière, et comme moyen de prévenir les corrosions causées par l'eau.

Sous les deux premiers points de vue, les instituts agricoles ne pourraient intervenir que comme coopérateurs d'une administration éclairée, à laquelle cette branche est spécialement réservée; ils pourraient offrir une main-d'œuvre auxiliaire pour faire des plantations ou des semis dans des terres abandonnées.

Quant aux arbres dont les fruits et les

feuilles appartiennent à l'industrie agricole
et commerciale, l'un des principaux objets
de l'institut serait de travailler à étendre et
à généraliser leur propagation sur la surface
de ce beau territoire. Pour arriver à ce but,
autrefois on employait les primes et les encouragemens, aujourd'hui on emploie, comme
un moyen plus puissant, les écoles expéri-
mentales, les modèles et les exemples.

En Espagne, les réglemens de Charles III
prescrivaient la plantation annuelle d'une
quantité déterminée d'arbres combustibles
dans chaque paroisse ; une feinte obéissance
a trahi les intentions des souverains : on allait
faire ces plantations les jours indiqués par
l'autorité ; un mois ou six semaines après
qu'elles avaient été exécutées, il n'y avait
plus rien, parce que le cultivateur ignorant
avait mal exécuté, et qu'il ne travaille bien
que lorsqu'il a la vérité sous les yeux.

L'établissement de M. Robert Owen en
Écosse, *New-Lannarck*, créé pour tirer de l'indigence une masse d'ouvriers sans emploi,
produit plus d'effet par la puissance de l'exem-

ple qu'il donne, qu'on ne pourrait en attendre de l'autorité la plus bienveillante, sur-
tout si celle-ci se bornait à ordonner.

Quel est l'observateur qui ne saisit pas la
différence qu'il y a entre un pays où les soins
donnés au boisement des terres offrent par-
tout des massifs et des abris magnifiques, et
celui où le tableau décoloré de l'abandon et
de la stérilité établit la preuve de l'insuffi-
sance des moyens de prévision?

La fin de l'année 1824 et le commencement de 1825 présentent des époques d'une
malheureuse célébrité pour Saint-Péters-
bourg, la Hollande et l'Alsace, à cause des
ravages des eaux. Sans émettre une opinion
sur les causes précises des désastres qu'ont
éprouvés la nouvelle Palmyre du nord, la
Hollande, et notre belle province de l'Alsace, je produirai d'abord ici l'opinion d'un
auteur italien très-accrédité, qui a écrit sur
l'influence immédiate qu'ont sur le cours des
eaux les forêts et les bois (1).

_____

(1) *Della immediata influenza dei boschi sopra i fiumi.*
Torino, 1819, *dol supr. Castellani.*

« Les forêts exercent sur les rivières, soit
» médiatement par l'altération de l'atmo-
» sphère, soit immédiatement en diminuant
» l'intensité et la croissance des nuages, et
» en conservant leurs bords, une influence
» marquée ; les plantations des montagnes
» produisent encore l'avantage d'empêcher
» l'éboulement des terres végétales, et de pré-
» venir par ce moyen l'accroissement et l'em-
» combrement des rivières et des fleuves, qui
» produisent de si tristes effets. »

Arthur Young (1) attribue la violence des
orages, si communs en Italie, à la destruction des forêts, et cette opinion est générale
dans l'esprit des Italiens, dont les maisons
sont souvent ravagées par des orages qui ne
peuvent être retenus que par une immense
quantité des grands végétaux, dont les feuilles,
toutes munies de suçoirs, absorbent l'excès
de l'humidité de l'atmosphère, et dont les organes absorbans, divisant les nuages, les em-
pêchent de s'agglomérer et de se précipiter

_____

(1) *Voyage en Italie.*

sur des plaines fertiles. Cependant on remarque que les orages dévastateurs sont moins fréquens dans cette partie de l'Europe, depuis que l'agriculture, plus encouragée, a multiplié les plantations des grands arbres de toute nature.

Si j'appelle les regards du lecteur de la chaîne des Alpes sur celle des Pyrénées, je trouve dans les *Mémoires* d'un auteur moderne (1), après le tableau des désastres occasionnés par les orages dans la plaine de Tarbes, cette observation : On ne sera point » étonné, d'après tous ces fléaux, si dans » quatorze années il n'en est qu'une seule » où les blés puissent suffire aux habitans, » qui sont obligés d'en tirer du département » du Gers, etc. »

J'ajouterai à une série d'autorités respectables celles de Sully, de Colbert et de Buffon, qui ont prédit que l'Europe, dans plusieurs contrées, manquerait de combustible. Si ces témoignages imposans ne suffisent pas pour

_____

(1) *Mémoires pour servir à l'histoire naturelle des Pyrénées*; par M. Palassou. Pau, 1821.

prouver que l'inclémence des saisons est une suite de la dévastation des bois, n'y eût-il que la raison des besoins des arts, de la navigation, des manufactures et de la vie économique, certes elle serait suffisante pour faire naître, outre les mesures législatives, celles qui peuvent produire une exécution constante.

La méthode pour le boisement des terres, comme tous les arts physiques, a fait des progrès qui ont conduit à des expériences, desquelles on peut établir des théories positives sur l'art de l'ameublissement des bois, qu'il faut considérer sous deux points de vue principaux d'utilité.

Ameublissement des bois dans les montagnes et les collines. Dans ces situations, il n'y a pas d'inconvénient de créer des massifs épais, parce que l'objet principal est de prévenir les éboulemens, et que, d'ailleurs, la plus grande partie des arbres étant situés sur un plan incliné, ils se nuisent moins réciproquement par leur ombre que ceux qui sont sur une surface plane.

Ameublissement des bois dans les plaines

et dans les vallées. Ici se présente une question qui mériterait d'être traitée avec plus d'étendue, je me bornerai aux considérations principales, pour ne pas m'éloigner de mon but, celui de présenter l'utilité d'un plan général pour tout ce qui se rattache à l'agriculture. En· Écosse (car sous le rapport de l'ameublissement des bois, c'est encore l'Écosse qui donne l'exemple et le mouvement au reste de la Grande-Bretagne), les propriétaires se sont appliqués à embellir, par des plantations choisies avec intelligence et goût, leurs domaines et à y former des rideaux de bois, comme autant d'ornemens qui servent à abriter la maison du maître, l'habitation, les potagers, les fermes, la chaumière, et une grande étendue de pays : ces portions de terrain n'ont que de dix à soixante mètres de profondeur; les espèces que l'on sème, sont *le sapin d'Écosse (pinus sylvatica), le chêne, le hêtre, l'aune, le frêne, l'orme, le mélèze et le charme* (1).

---

(1) *Annales européennes*, juillet 1824.

On voit les Écossais donner peu de profondeur à leurs plantations de bois et décorer leurs champs comme des paysagistes ;
mais voyons si leur culture n'a pas dépassé
le but d'un ornement champêtre, et négligé
celui plus solide de l'utilité.

Les bois propres à la construction des édifices, des maisons, ou de la marine, sont
d'autant plus forts, et deviennent d'autant
plus gros qu'ils sont plantés plus isolément.
Dans les grandes et épaisses forêts, ils augmentent en hauteur plus qu'en grosseur ,
parce que le soleil, qui les frappe à leur cime,
excite plus particulièrement la végétation là
où ses rayons pénètrent.

C'est en consultant la nature et en observant ses phénomènes que l'on est parvenu
à fixer des idées précises sur les moyens les
plus avantageux d'emménager les bois.

Dans les forêts épaisses, sur-tout celles de
chêne, les arbres, serrés près les uns des
autres, s'élèvent sans grossir, viennent très-
peu droits et ne donnent qu'un bois tendre
et très-fragile.

Dans les bois qui ne forment qu'un rideau, les jeunes arbres sont fort souvent maltraités par les chevaux ou les bœufs; d'ailleurs exposés à toutes les intempéries de l'air et au soleil ardent, ils ne viennent pas aussi bien que s'ils étaient plus nombreux, parce que alors ils se protègent réciproquement. Ainsi ces deux méthodes présentent leurs inconvéniens.

Le moyen d'avoir de beaux bois pour constructions, c'est d'élever des baliveaux dans les taillis, parce que, lorsqu'ils sont laissés pour baliveaux, ils ont la force de soutenir les intempéries, les orages et l'ardeur du soleil sans être abrités par des arbres voisins.

C'est sans doute d'après ces calculs que l'on plante en Écosse; il doit cependant y avoir des exceptions là où la terre est trop précieuse, et où l'on ne plante que pour former des abris, soit au nord, soit au midi : alors on forme un rideau de bois très-peu épais; l'objet principal que l'on a en vue est de protéger le champ, soit contre la sécheresse, soit contre des vents nuisibles à quelques végétaux.

On modère maintenant avec une ingénieuse
économie le bois comme combustible, cela
est d'autant plus nécessaire, que cette denrée ne peut augmenter dans la même pro-
gression que la population ; mais c'est moins
de combustible que la France doit manquer
que de bois de construction : c'est donc sur
cette espèce que les efforts des particuliers
doivent s'unir aux voies réglementaires.

Si les lois, dans un but d'intérêt général, obli-
geaient les propriétaires à conserver sur leurs
domaines une quantité déterminée d'arbres de
haute futaie; si les propriétaires eux-mêmes im-
posaient à leurs fermiers l'obligation de maintenir de gros arbres dans une proportion relative aux besoins et à l'étendue de leurs domaines ; si, comme en Italie, une pratique
diligente garnissait d'arbres qui se plaisent sur
les bords de l'eau les rives des fleuves, des
rivières, des fossés et des canaux, alors ces
ressources, multipliées sur tous les points,
feraient cesser les mauvais présages sur l'a-
venir, pour ce qui regarde les bois combustibles et ceux de constructions.

Si la végétation des grands arbres n'est pas sans influence sur la qualité de l'atmosphère, en ce qu'elle dissipe les orages ou diminue leur intensité , elle n'est pas non plus sans effet sur l'économie animale : il y a donc une espèce d'irréligion à laisser la terre dans un état de nudité ; aussi un auteur moderne a-t-il appelé ceux qui ont déboisé les montagnes, *des gens qui ont laissé à découvert les ossemens de notre mère commune* (1).

· La législation a déjà porté ses regards sur la plantation des grandes routes. Comment pourrait-elle remplir cet objet digne de fixer les regards d'une bonne administration par des moyens plus sûrs, plus perfectionnés et plus économiques que ceux qui proviendraient des instituts agricoles ? Le but du pépiniériste, c'est le bénéfice ; plus les arbres sont replantés fréquemment, et plus ils gagnent ; un corps institué dans la vue d'un objet spécial envisage l'avenir et cherche la réputation ; il sait qu'il sera jugé par ses ouvrages ; des

_____

(1) *Économie politique et diplomatique.*

travaux dirigés par cȩux qui joignent à l'étude
de la physiologie végétale une pratique rai-
sonnée doivent présenter plus de chances de
succès que ceux entrepris par des manœu-
vres salariés. Cette vérité ne peut manquer
de paraître évidente à ceux qui ont les premières idées de l'économie rurale.

Les espèces d'arbres que les Écossais ont
cherché à multiplier dans les terrains neufs,
légers et sablonneux, sont ceux-ci : l'*aubour*,
communément *cytise des Alpes* (cytisus laburnum), qu'il faut distinguer du laburnum
num d'Écosse (cytisus niger); *le chéne, le*
mélèze (larix) (1), *le hêtre noir* de Norwège,
le chéne vert du nord de l'Amérique, *le ta-*
marin.

Les plantes exotiques finissent par s'acclimater et deviennent souvent, lorsqu'elles sont
bien soignées, plus belles que dans leur pays
natal; dans beaucoup de départemens, la

---

(1) Le larix n'est cultivé en Écosse que depuis 1734.
C'est l'auteur du *Gentlemenn farmer*, lord Kaems, qui
a donné cette production à son pays.

culture du mûrier serait praticable sur les grandes routes et les chemins vicinaux. Mais qui prendra les précautions qu'exige cet arbre utile, sur-tout dans les premières années de sa plantation, si ce n'est un institut ou conservatoire, qui pourrait répondre du succès, et garantir contre tous les accidens, excepté ceux de force majeure?

A quoi peuvent servir les ressources qu'offre la minéralogie des Alpes et des Pyrénées, si le déboisement de ces montagnes nuit à son exploitation? Combien de minéraux que la France reçoit de l'étranger (y compris le fer même, dont on importe beaucoup) pourraient se trouver sur notre propre sol, si nous nous occupions de cultiver les arbres comme combustibles sur ces mêmes montagnes?

CHAPITRE IV.

APERÇU SUR LES COLONIES AGRICOLES DE BIEN-
FAISANCE ÉTABLIES SUR PLUSIEURS POINTS EN
EUROPE, DANS LE BUT DE SUBVENIR AUX
BESOINS DE L'INDIGENCE. — INDICATION DES
LANDES ET FRICHES QUI EXISTENT EN FRANCE.
— MOYENS DE LES FAIRE SERVIR A LA FOR-
MATION DES COLONIES DE BIENFAISANCE.

LA puissance de la mécanique et l'esprit des
inventions, en simplifiant et diminuant le
travail manuel, ont créé un état nouveau
pour la société, parce qu'il ne peut être com-
paré avec les exemples de l'antiquité ; un des
premiers résultats qu'il laisse apercevoir, c'est
qu'à côté d'une classe dont le salaire n'est pas
assuré, qui n'a devant les yeux que la cruelle
incertitude de l'avenir, et le tableau de toutes
les misères, s'élève une autre classe qui est
saturée de ces richesses renfermées dans un

porte-feuille, où elles sont à l'abri des dîmes
et des impôts que la propriété territoriale paie
à l'État et à la mendicité (1).

C'est en Angleterre que ces inventions ont
reçu leurs plus grands développemens, les autres nations ont imité : MM. Wast et Ark-
wright, anglais, furent ceux qui étendirent ces
moyens producteurs ; leurs mécaniques furent
augmentées et perfectionnées à un tel point
que, d'après une auteur accrédité, « l'on compte
que les forces industrielles de la Grande-Bretagne, comparées à ce qu'elles étaient en
1792, se sont accrues dans une proportion
égale à la valeur du travail de deux cents
millions de bras (2). » Malgré ces ressources
immenses, un de nos législateurs représente
encore cette puissance comme suspendue sur
un abîme : « Sa grandeur, dit-il, est artifi-

---

(1) On sait qu'en Angleterre l'impôt pour les pauvres,
perçu dans les paroisses rurales, est payé par les propriétaires.

(2) *Examen impartial des nouvelles vues de M. Robert
Owen ;* traduction de M. Lafond Ladebat.

cielle (1) »; mais sa position insulaire et sa prépondérance maritime favorisent néanmoins
le débouché de ses denrées et même de sa population, avantages que les autres nations n'ont
pas. Que de sérieuses réflexions pour ceux
qui sont attachés au gouvernail de l'État, dont
la position présente un point de comparaison avec celle de l'Angleterre !

Plus la marche de l'esprit humain est active, et plus le fardeau de l'économie politique devient aggravant : Bacon disait, « Qu'il
faut juger du mérite des systèmes par leurs
effets » ; mais quand on juge par analogie,
si l'on découvre des symptômes effrayans,
convient-il d'attendre les mêmes effets ? Ici le
sentiment de la bienveillance générale et
même la religion répondent qu'il faut plutôt
prévenir ces symptômes, et lorsque les accidens se trouvent dans une force entraînante
des choses qui l'emporte souvent sur les
volontés humaines, il faut plutôt chercher

---

(1) Discours de M. Boucher, député ; séance du 16
mars 1825.

le remède dans les choses mêmes que dans les hommes.

Pourquoi plusieurs de nos souverains, et sur-tout Henri IV, obtinrent-ils tant d'amour, et s'assurèrent-ils d'aussi longs souvenirs? C'est parce qu'ils cherchèrent les sources du bonheur dans les biens qui viennent de cette terre féconde, et encouragèrent par tous les efforts les hommes dont les bras la cultivaient.

Si le malheureux n'a aucune part aux accidens qui menacent son existence, son sort est d'autant plus digne d'attention. Le règne de Charles X était à peine commencé, que déjà des mesures furent prises pour diminuer l'intérêt de l'argent, et reverser sur l'agriculture cette portion que l'agiot lui enlevait; la liberté du commerce de la viande proclamée dans la capitale; des ordres pour la confection de nouveaux canaux ont été donnés; l'École de Nancy fut formée : voilà bien des gages d'une volonté royale et paternelle, dans un court espace de temps : quel esprit prévenu pourrait les méconnaître?

Nous ne sommes point encore arrivés à

cet état de pénurie de travail où se sont
trouvés les malheureux en Angleterre ; mais
les mêmes causes doivent produire les mêmes effets, et la différence dans les positions
indique qu'il faut chercher d'autres remèdes
que ceux qui conviennent à une puissance
essentiellement maritime, toujours entraînée
à chercher sa force et sa conservation hors
d'elle-même.

La formation des colonies de bienfaisance
a déjà offert à plusieurs puissances un moyen
de fixer l'œuvre de charité, de la placer au-
dessus des vicissitudes et de la vie des hommes et des événemens.

En Hollande, dans la colonie de Frederich-Ood, en Écosse, à New-Lannarck, beaucoup de familles qui, par des événemens de
force majeure, étaient tombées à la charge
de l'État, et lui occasionnaient une consommation annuelle et improductive, sont de-
venues productrices elles-mêmes : alors ce
qui était pour l'État une plaie toujours ou-
verte est devenu, au contraire, un avantage
qui a augmenté ses revenus.

Le travail offert aux indigens dans tous les temps a toujours réduit la mendicité ; aussi a-t-elle diminué en Hollande : la colonie s'est chargée de tout indigent pour soixante francs par an, tandis qu'il en coûtait cent vingt dans les établissemens publics (1).

A l'appui de cette proposition, je citerai ce que.fit lady Bentick à Terrington en 1819. Affligée de l'état de la mendicité dans le pays où elle avait ses possessions, elle fit diviser plusieurs pièces de terre par acres, et elle fit publier : Que tous ceux qui croiraient pouvoir vivre de leur travail en cultivant un acre de terre, sans retomber à la charge de la paroisse, eussent à se présenter dans un temps prescrit pour faire inscrire sur un registre leurs noms, leur âge, le nombre de leurs enfans ; on admit dans le nombre plusieurs mauvais sujets, afin d'éprouver sur eux ce projet de perfectionnement physique et moral, les résultats furent heureux : la récolte

(1) *Rapport sur la colonie de Frederich-Ood*, par M. le baron de Kerarberg, conseiller d'état à Gand.

a été belle ; le travail a ramené les bonnes mœurs et les habitudes de l'ordre (1).

La France renferme aussi dans de vastes espaces des terres vagues, incultes, ou des landes, dont le produit est nul pour l'État ; leur inculture prive le Gouvernement de ressources réelles, et la stagnation des eaux y préjudicie à l'espèce humaine, que l'insalubrité du climat y rend toujours faible et maladive.

M. Peuchet, dans sa *Statistique*, estime qu'il y a encore en France vingt millions huit cent quarante - cinq mille huit cent cinquante arpens de terres en friche.

Chabert compte ces friches et landes ainsi qu'il suit (2) :

---

(1) *Revue encyclopédique*, t. XIV, p. 625.

(2) M. Chabert, dans son énumération, ne compte pas la Sologne, où il y a des parties immenses qui sont incultes et susceptibles d'une culture aussi belle que celle de la Hollande, attendu que la couche de sable n'y est que superficielle, et que la couche inférieure étant composée d'argile, il serait possible, au moyen de profonds labours, de lui rendre la qualité de la meilleure terre végétale, toutefois après avoir pratiqué des desséchemens au

arpens.

En Poitou................... 200,000

Marais de Bourgogne......... 20,000

Ceux de Ponthieu............ 28,000

Ceux de Gournay et Beauvais.. 4,000

Ceux de Saintonge........... 3,000

Ceux de Brives en Beauvoisis... 4,000

Ceux de Nantes.............. 6,000

Ceux d'Isigny de Canterac..... 40,000

Ceux de Montbrison 20,000

Bords de la Méditerranée....... 50,000

Idem de Ponteau, en Brie....... 1,000

Les landes de Bretagne..... sans nombre.

Celles du Bordelais, vingt-cinq lieues carrées.

Les friches de Saint-Quentin, sans nombre.

Il ne serait pas raisonnable de vouloir ferti-

---

moyen de canaux, opération sans laquelle tout système d'agriculture, dans cette ancienne province, ne peut être que mal basé.

Le même auteur ne parle pas non plus de nombreuses terres vagues qui se trouvent encore dans les domaines royaux, que M. Cadet de Gassicourt, dans son *Traité sur les colonies nomades*, qui est le dernier ouvrage qu'il ait produit, élève à six millions d'arpens.

liser en peu d'années des espaces énormes,
pour satisfaire à des besoins qui d'ailleurs ont
déjà été en partie prévus ; mais si l'idée que
je viens d'exposer présente un avantage, cette
objection ne devrait pas empêcher de commencer, et l'on pourrait, pour donner un
commencement d'exécution à ce projet, élever dans chaque emplacement destiné à une
colonie agricole de bienfaisance dix à douze
petites fermes par an.

Une institution soutenue par vingt-quatre
mille actionnaires, comme celle de Frederich-Ood, serait bien long-temps à se former
en France; en Hollande et en Angleterre, les
intérêts et les principes se trouvent, par leur
nature, groupés autour d'un centre commun; en France, si ces créations n'étaient
pas liées aux institutions, elles présenteraient
moins de fixité, parce que les intérêts privés y étant plus divisés, les opinions y sont
souvent comme les intérêts.

Le but de la création de la colonie hollandaise a été d'ouvrir des ressources aux individus que les travaux de la navigation ne

13.

pouvaient plus faire vivre ; celle que l'on pourrait établir en France aurait un objet plus
étendu, ce serait de secourir tous ceux qui,
par des événemens de force majeure, sont
tombés dans un état de privation de subsistances.

En présentant les modèles des instituts
agricoles aux articles 1 et 2 du chapitre IV,
j'ai indiqué les cas où ils pourraient offrir
une main-d'œuvre auxiliaire pour la formation des colonies agricoles de bienfaisance.
Le but de ces créations étant le travail et l'é-
conomie, ce serait avec les élémens qui se
trouveraient dans ces mêmes instituts qu'il
conviendrait de former ces colonies ; on se
servirait du produit des vastes pépinières en-
tretenues par les élèves, pour l'ameublissement de tous ces petits domaines , asiles du
malheur et de l'indigence. Ainsi ces deux
idées, déjà conçues et exécutées par des Gouvernemens où elles sont loin de nuire à l'ordre
établi , se joignent par leurs résultats ; ce sont
ceux de chercher dans les ressources qui sont
sur le territoire les plus sûrs avantages, et d'é-

tablir la répartition du travail par les moyens qu'offre l'agriculture.

Parmi les individus qui composent les conditions variées de la longue chaîne sociale, il existe des nuances qui naissent de l'état de la société même. Tous les hommes de qui les événemens ont causé l'infortune ne sont point accoutumés à obtenir leur subsistance du travail de leurs bras : dans ce cas, la formation des colonies peut être établie d'après un ordre classique; mais celles qui seraient d'un produit plus élevé devraient se trouver dans des provinces éloignées de celles qui seraient d'un moindre produit; car il est toujours bien d'éviter le contraste choquant que fait naître le spectacle de la disparité entre deux bienfaits.

La campagne est le lieu naturel de retraite des hommes tombés dans l'infortune, 1°. parce qu'ils n'y surpaient pas les denrées, qui, dans les grandes villes, supportent une taxe en raison de l'étendue de la population; 2°. parce qu'ils n'y rencontrent pas tout ce qui peut faire renaître leurs souvenirs et exciter leurs regrets.

L'homme qui n'a aucun moyen d'existence, ou retombe à la charge de l'État, ou devient un objet d'inquiétude pour la Société. Les petites fermes qui composeraient les colonies de bienfaisance, cultivées par ceux qui auraient droit à des bienfaits, changeraient en habitudes laborieuses celles de ces hommes qui ont l'habitude de la vie errante ; car, dès que les mendians de profession et les vagabonds, qui usurpent la bienfaisance aux dépens des véritables pauvres, sont appelés au travail, et qu'ils sont même contraints de s'y livrer, le nombre en diminue sensiblement.

Que la munificence de nos princes aille chercher jusque dans les réduits les plus isolés des individus dans l'indigence, pour leur porter des secours, on voit en cela où va la preuve constante de cette inépuisable générosité qui souvent cherche à se dérober aux regards ; mais ces secours vont-ils toujours à leur véritable destination ? Celui qui les reçoit s'en sert-il pour se sustenter ? N'est-il pas à craindre que quelques passions secrètes, ou quelque usurier qui menace de la publicité des formes légales, ne trompent l'intention du bienfaiteur, en envahissant la somme offerte? Alors le but est manqué, et les moyens d'existence destinés à une famille malheureuse, au lieu de la soustraire à des besoins réels, ne contentent que des besoins de circonstance. Si, au contraire, on accordait à ceux qui peuvent se livrer à un travail journalier, au lieu d'une pension viagère de quatre cents francs, la même valeur dans l'usufruit d'un petit domaine, dans une colonie agricole, pour trois cents francs, plus cent francs en argent : alors la bienfaisance serait complète, elle irait à sa véritable destination; le bienfait fructifie suivant la forme sous laquelle il se présente, et lorsqu'il dépend du travail et de l'occupation, l'État y gagne, sous toutes sortes de rapports; car une portion des sommes qu'il paie retourne dans les caisses publiques, puisque le rentier, dont l'aisance est accrue, en devenant producteur, devient nécessairement plus grand consommateur, et par conséquent plus fort contribuable.

Parmi les causes de la prospérité de la France, et sur-tout de la capitale, on reconnaît le puissant attrait que ce séjour offre aux étrangers; mais si le paupérisme venait à s'y multiplier , il n'y a pas lieu de douter qu'il deviendrait une raison d'éloignement pour ceux que d'agréables distractions y appellent. En effet, il est peu de personnes qui n'aient été dans le cas de remarquer que, dans ces grandes et magnifiques cités de l'Italie , où il y a un grand nombre de mendians, la plupart des voyageurs n'y restent que le temps d'y faire leurs observations; l'on en voit peu qui s'y arrêtent, soit pour y fixer leur demeure, soit pour y établir un long séjour.

Le premier principe posé dans le plan de la fondation des colonies agricoles est celui d'une proportion parfaitement égale dans l'espace et la qualité de terres, dans la distribution de l'habitation, et dans l'ameublissement des vergers, jardins et vignobles, qui y sont attachés; en France , et chez un peuple plus disposé au travail par les impressions qu'il ressent et qui l'excitent que par l'instinct des habitudes, la juste répartition dans la distribution d'un bienfait ne doit pas être d'une faible considération.

Les colonies agricoles procurent aux hommes habitués au travail de leurs mains celui qui leur est nécessaire, et à ceux dont les habitudes s'opposent aux travaux et aux fatigues une occupation qui peut les rendre heureux. Une occupation relative à la condition et aux habitudes des individus n'est pas seulement un bien pour l'ordre, mais encore une réformation qui prévient les déréglemens; elle agit encore comme puissant remède sur les individus, pour empêcher que l'homme ne soit dépouillé de son plus bel ornement : de la raison; et l'on voit moins d'aliénations mentales dans les pays où les hommes sont occupés que dans ceux où ils languissent dans l'oisiveté.

J'ai cherché à démontrer les avantages que l'économie publique, les mœurs, et enfin la condition humaine, pourraient retirer d'un établissement aussi utile : maintenant je par-

lerai de l'étendue de ces domaines, de leur
système d'assolement, de la police et de la
discipline de ces colons, et de l'éducation de
leurs enfans légitimes ou adoptifs. On trouve
à la fin de ce volume, *planche III*, une petite lithographie qui représente le plan en
perspective d'une colonie agricole, d'après celui de Frederich-Ood : il ne peut donner qu'une
idée imparfaite de la colonie que l'on pourrait
créer en France sur une plus grande échelle.

L'exploitation des fermes qui composent
la colonie de bienfaisance de Frederich-Ood
est de deux mille cent verges (trois arpens
et demi) (1). Cette quantité de terre est suffisante en Hollande, parce que le climat n'y
permet point la culture de la vigne et de
beaucoup d'arbres fruitiers; néanmoins le
produit net que retirent ces colons en travaillant eux-mêmes est calculé s'élever à cinq
cent cinquante-deux florins de Hollande (2),

(1) Trois arpens de Hollande font deux hectares vingt-
sept ares, ou quatre arpens et un quart, mesure des eaux
et forêts, la perche de vingt-deux pieds.

(2) Le florin des Pays-Bas est de 2 fr. 11 c. 1/2.

en francs, onze cent soixante-sept francs quarante-huit centimes, parce que l'on comprend dans ce calcul le revenu industriel qu'ils retirent de leur bétail, et d'une méthode d'assolement très-ingénieuse.

Les fondateurs de la colonie hollandaise, en évaluant tous les frais de fondation, et même ceux pour le culte et l'administration, trouvent que chaque famille obtient un revenu ainsi qu'il suit :

Produit brut des terres...................... 725 fl.

    A déduire,

Frais de culture, semences, instrumens aratoires, vingt-cinq florins par arpent..... 88
Prix du bail payé à la Société............. 5o
Loyer de deux vaches.................... 10 } 173
Frais de l'administration................. 25

Somme égale à celle portée plus haut .... 552 fl.

Mais la Société retire en outre des hôpitaux la pension annuelle que ceux-ci lui accordent pour les enfans qu'ils lui ont cédés ; elle couvre donc ainsi une grande partie de ses frais.

Une objection ne peut manquer de se présenter à ceux qui sont accoutumés à approfondir de semblables matières : que deviennent les colons qui éprouvent des maladies qui les réduisent à l'impossibilité de travailler ? Le chapitre des accidens a été prévu à Frederich - Ood ; les colons travaillent collectivement des portions de terres détachées de la colonie, dont le revenu est affecté à un fonds de réserve, pour venir au secours des familles auxquelles il arrive des malheurs involontaires.

Si l'on se proposait de suivre en France les mêmes vues, la nature du sol y permettrait la culture de la vigne et des arbres fruitiers, et d'une grande partie des denrées nécessaires à la vie.

Distribution des locaux de la ferme.

Passons d'abord à l'examen de la distribution la plus économique et la plus commode du local destiné à chaque colon.

Le local qui me paraît réunir ces deux avantages, qui conserve les abris nécessaires

pour la demeure des hommes et des animaux domestiques, est un parallélogramme
ou bâtiment composé de quatre faces égales :
au lieu d'une partie du bâtiment l'on peut placer d'un côté une haie ou un treillis au milieu
duquel serait la porte d'entrée; deux chambres
du colon doivent se trouver en face; d'un côté,
sont l'écurie et la grange pour le fourrage ;
de l'autre, sont la laiterie et les appentis.

Cette forme de construction rurale est celle
que l'on nomme *la sarrasine* : elle doit exi-
ger moins de réparations que celles qui sont
exposées sur les divers points à tous les fléaux
de l'atmosphère ; abritée de trois côtés, la
demeure du colon doit être plus élevée que
les autres parties latérales du bâtiment ; quant
à son exposition, les influences météoriques
doivent, à cet égard, indiquer les règles à
suivre. L'habitation doit être, autant que
possible, opposée au côté d'où viennent les
pluies fréquentes et les intempéries.

La citerne, qui, suivant la méthode des
Suisses, sert à recevoir les eaux grasses et les
urines, doit être située en dehors des étables;

d'un côté, est la basse-cour, où sont les fumiers; de l'autre, le jardin et le verger; les terres entourent le domaine, excepté du côté de l'entrée ou de la rue, qui présente, dans un alignement parfait, toutes ces habitations sur un plan régulier.

Point central de la colonie.

Au centre de la colonie se trouvent, comme on voit, quatre principaux édifices : 1.º l'église, 2º. la cure et les écoles, 3º. l'administration, les magasins, les fours et pressoires banaux, 4º. le chirurgien et l'hôpital.

Conseil pour les secours ou œuvres de charité.

Un conseil doit être tenu, chaque mois, pour les secours et les œuvres de charité; la présidence en appartiendrait au curé, et les vieillards les plus recommandables parmi les colons y sont appelés.

Conseil pour l'administration et la police intérieure.

Un autre conseil s'occupera de la bonne

administration, et de la distribution du travail, qui consiste à donner aux femmes et aux enfans du chanvre, du lin et de la laine à filer ; à assigner aux ouvriers des portions de terrain à cultiver dans le but d'établir deux fonds de ressources, un pour remédier aux malheurs imprévus qui arrivent aux familles des colons ; l'autre pour soutenir la colonie dans les années d'intempérie ; car il faut faire aussi la part aux accidens atmosphériques (1).

Quant aux fautes dont pourraient se rendre coupables les colons pour manque d'obéissance aux statuts de la colonie, l'administration doit avoir sa discipline intérieure et le droit de les réprimer ; quant à celles qui porteraient un caractère de criminalité, elles rentrent, par leur nature, dans le droit du

---

(1) Les fermiers qui sont accoutumés à faire des calculs exacts, comptent qu'ordinairement il arrive une année d'intempérie sur neuf années. On sent qu'il est difficile d'établir à cet égard une règle bien fixe, parce qu'il y a des pays qui sont bien plus sujets aux tempêtes que d'autres.

ministère public, et, par conséquent, elles ne pourraient qu'être du ressort des tribunaux les plus voisins.

Aperçu approximatif des revenus d'une ferme de cinq arpens ou deux hectares et demi.

La Société de bienfaisance de La Haye a trouvé vingt-quatre mille actionnaires, il serait peut-être difficile de trouver par-tout ailleurs une pareille réunion ; mais soit que ces vues soient créées et soutenues par des particuliers, soit que le Gouvernement en saisisse l'entière administration, peu importe pour la chose en elle-même, le but et le point essentiel sont de fixer l'opinion sur leur utilité.

Les terres étant cultivées par le système alterne, couvertes d'engrais naturels et artificiels, le produit approximatif de la ferme de cinq arpens est évalué d'après le tableau suivant :

Aperçu approximatif du produit brut d'une ferme d'une colonie agricole de bienfaisance, cultivée d'après le système alterne.

	fr.	c.
Froment ; dans un arpent, quatre setiers à vingt-cinq francs.	100	»
Seigle ; dans un demi-arpent, trois setiers à seize francs.	48	»
Pommes de terre ; dans un quart d'arpent, cent boisseaux, cinquante francs.	5o	»
Menues semences, vesces, avoine, orge et sarrasin ; dans un demi-arpent.	5o	»
Trèfle, luzerne, sainfoin ou ray-grass (est consommé par les animaux domestiques), un arpent. . .	»	»
Vignes ; dans un arpent, huit tonneaux de deux cent quarante bouteilles, non compris la consommation du ménage, le tonneau à trente francs...	240	»
Produit du verger, non compris		
A reporter.	488	»

	fr.	c.
Report.........	488	»
les besoins de la famille..........	37	50
Lin et chanvre, un quart d'arpent. (On le vend jusqu'à cent cinquante francs l'arpent)..........	30	»
Plantes oléagineuses, un demiarpent.......................	70	»
Produits des mûriers et des vers à soie, approximativement.......	125	»
Produits des animaux domestiques, deux veaux à vendre tous les ans, à quarante francs l'un......	80	»
Le colon élève deux porcs, dont l'un est engraissé pour être vendu, et est estimé approximativement...	75	»
Produits des ouvrages donnés par l'administration aux enfans, aux femmes et aux vieillards, pendant un an (1)...................	178	»
TOTAL.....	1,083	50

(1) L'administration donne à filer du fil et du lin, de la filoselle et de la laine aux femmes et aux enfans, aux vieillards des ouvrages en paille ou en osier.

Après la récolte du seigle ou du froment, on pourra semer une portion en petit maïs, en raves ou en millet, suivant la rotation des cultures, et selon que la température aura permis de faire les récoltes de bonne heure.

Aperçu approximatif des dépenses occasionnées par l'établissement d'une petite ferme de cinq arpens et demi ou deux hectares trois quarts pour une colonie de bienfaisance.

Lorsqu'on retire du néant des terres incultes et abandonnées, l'exécution est toujours bien moins dispendieuse lorsqu'elle est faite avec des moyens prévus; souvent des plans ont échoué, non parce qu'ils étaient mauvais en eux-mêmes, mais parce que les moyens d'exécution ont manqué, ou bien que les hommes qui en ont été chargés n'ont apporté, dans la direction des emplois qui leur ont été confiés, que les conséquences d'une vie oisive passée dans le vague et l'inutilité. C'est pour cette raison que dans cet aperçu, qui serait susceptible de plus grands développe-

14.

mens, j'ai fait précéder le plan de la formation
des instituts agricoles de celui des colonies
de bienfaisance, parce qu'avant tout il faut
des hommes capables, et que ce serait de
ces premiers établissemens que l'on retire-
rait les moyens d'établir, de construire, de
diriger et de seconder les derniers.

Les petites fermes hollandaises ont coûté
à la Société qui les a établies mille sept cents
florins, y compris l'avance faite au colon pour
bétail et instrumens aratoires, qui est de
quatre à cinq cents florins : car ce fonds *de
première mise* est nécessaire, et *la bienfaisance n'est pas si elle n'est tout entière.*

Mille sept cents florins font en francs trois
mille cinq cent quatre-vingt-sept francs.

Je suppose que chaque ferme établie en
France dans des terres vagues, landes ou
bruyères, coûte, soit au Gouvernement, soit
à une Société, ou à une compagnie protégée
et encouragée par le Gouvernement, cette
même somme de trois mille cinq cent quatre-
vingt-sept francs, y compris l'avance d'environ
onze cents francs faite au colon en bétail,

meubles, instrumens aratoires, comestibles,
etc. : voyons comment le fondateur ou les
actionnaires se couvriront de leurs avances.

L'intérêt de trois mille cinq cent quatre-
vingt-sept francs, à quatre pour cent, est
de.............................. 143 48

Les frais d'administration, en supposant la colonie de soixante familles, ne doivent pas excéder la
somme de vingt francs par famille.. 20   »

Frais de culte et des écoles....... 10   »
                                    _____
                                    173 48

Le revenu brut étant de mille quatre-vingt-
trois francs cinquante centimes, il suffirait
que les colons laissassent à l'administration
le sixième de leurs récoltes pour remplir leurs
obligations annuelles ; et le sixième de mille
quatre-vingt-trois francs cinquante est de cent
quatre-vingts francs cinquante-huit centim.

Fours et pressoirs banaux tenus par l'administration.

Les travaux faits isolément entraînent des

consommations improductives, et deviennent
souvent plus dispendieux que ceux qui sont
faits collectivement : par exemple, vingt familles qui feront leur pain séparément con-
sommeront quatre ou cinq fois plus de combustible que si elles le portaient à un four
banal.

Dans un but d'utilité générale et particulière, l'administration aurait donc des fours
et des pressoirs banaux; elle percevrait, sur
ceux qui s'en serviraient, un droit qui, bien
que modique, ne laisserait pas d'ajouter à
ses revenus, parce qu'il serait souvent ré-
pété.

Denrées et objets de première nécessité vendus aux colons par l'administration.

Quand des administrateurs occupés d'idées
étrangères à leur mission ferment les yeux
sur les objets de détail, alors il arrive souvent
que l'aisance s'évanouit. Cette négligence produit l'effet de la goutte du tonneau, qui finit
par se vider, parce que la perte est conti-
nuelle.

Ce principe conservateur du bien-être des petits comme des grands établissemens ne serait point négligé par l'administration de la colonie, qui aurait soin d'acheter en grosses parties et au meilleur marché possible tous les objets de première nécessité, tels que les instrumens aratoires, cuirs, étoffes, huile, etc., qu'elle revendrait aux colons, et sur lesquels elle percevrait un droit de six pour cent.

Vérification des comptes de l'administration.

Une administration qui porte un nom qu'elle doit justifier aurait à offrir une garantie morale à ses administrés, en admettant dans la justification de ses comptes les vieillards de la colonie, les mêmes qui auraient été appelés pour fixer des déterminations sur les distributions des secours et des œuvres de charité.

Net produit des petites fermes de la colonie.

Comme nous l'avons vu, le produit brut d'une ferme d'une colonie de bienfaisance,

établie d'après les calculs des auteurs qui ont
présenté des rapports sur les résultats des colonies hollandaises, serait approximativement
de.... .... 1,083 50
    Les frais, y compris la rente du
capital que représenterait la ferme,
seraient de................... 173 48

               RÉSULTAT NET.... 910 02

    Il faut observer que ce résultat est encore
augmenté des produits suivans :
    Produit du jardinage ;
    Celui de la basse-cour ;
    Un porc ;
    Vin et second vin, ou boisson sur le marc
de raisin ;
    Portion du produit du verger.

Moyens de faire naître l'émulation ; encouragemens et récompenses.

    Celui qui fait bien une année fait encore
mieux, l'année suivante, lorsqu'il s'aperçoit
que ses travaux ont fixé les regards et ob-

tenu l'approbation ; en France sur - tout, le
principe d'émulation est si grand, l'envie d'ê-
tre remarqué est telle, qu'ils rendent souvent
les hommes très-désintéressés ; le point d'hon—
neur y produit des effets plus sûrs que la
récompense pécuniaire, et lorsque, par une
action aussi sage que prévoyante, les mœurs
suivent les conditions distinctives, le cultivateur ne peut placer son amour-propre que
dans l'exécution des objets relatifs à sa profession.

Des médailles de cuivre ou d'argent seraient accordées, tous les ans, à ceux qui auraient surpassé les autres en retirant un produit plus considérable de leurs terres, en
élevant de plus beau bétail, en obtenant de
plus beaux fruits, et en greffant avec plus
de succès et par la méthode la plus sûre les
arbres fruitiers.

Éducation des enfans, morale et religion.

Les préceptes forment l'esprit; l'exemple
et les habitudes forment le cœur; ce principe posé trace les devoirs des pères de fa-

mille ou de ceux qui les représentent : de
là la nécessité d'un concours entre deux actions dirigeantes; de là, l'obligation où se
trouvent les colons de seconder leur vénérable pasteur dans l'éducation de leurs enfans.

Le curé est le surveillant né de tout ce qui
se rattache à la religion, aux mœurs et à l'ordre; le manque de respect à la vieillesse et au
malheur est une sorte d'impiété; le principe
des affections bienveillantes doit être une des
sources favorites et importantes du bonheur
d'une colonie agricole de bienfaisance.

Plusieurs observateurs, entre autres le général *Van den Bosch*, qui ont parlé de la Hollande, ont reconnu que, dans les différentes
colonies qui ont été fondées dans ce pays(1),
il existe des symptômes de ce bonheur qu'é-
prouvent des marins qui ont échappé à un
orage : « J'ai visité (dit ce général) un grand
» nombre de ménages, j'y ai vu les femmes

---

(1) *Mémoire sur la colonie de Frederich-Ood*; par M. le
colonel *Van den Bosch*, l'un des fondateurs de la Société;
traduit par M. le baron de Keverberg.

» prendre gaiement les soins que la propreté
» de leur maison et la préparation de la nour-
» riture exigent ; des enfans proprement vê-
» tus, sains et joyeux, y faisaient tourner
» leurs petits rouets les uns à l'envi des autres ;
» les mères vantaient leur propre bonheur et
» l'industrie productive de leurs enfans : il
» n'est pas rare en effet que ceux-ci gagnent
» hebdomadairement, à l'âge de sept à huit
» ans, dix ou quinze sous et même un florin,
» qui tournent, en majeure partie, au profit
» des ménages, mais dont une certaine portion
» est néanmoins distribuée aux enfans pour
» les encourager au travail. »

Quinze cents malheureux qui, avant d'ê-
tre accueillis dans la colonie de Frederich-
Ood, étaient livrés à toutes les horreurs du
besoin, ont trouvé tout d'un coup des foyers,
des meubles, des vêtemens, des subsistances,
et les moyens de s'en procurer à l'avenir pour
eux et leur famille. N'est-ce pas cela qu'on
peut appeler une Providence? N'est-ce pas
une preuve que des hommes tombés dans l'infortune par des événemens de force majeure

ont eu raison de ne pas perdre l'espérance?
Je prie le lecteur de permettre que j'insère ici
la pensée de Métastase vaguement traduite,
parce que je trouve qu'elle rend admirable-
ment la situation de l'homme qui passe du
malheur à une espérance fondée (1).

Toujours au malheureux l'espérance est fidèle ;
Le courage, à sa voix, se ranime en nos cœurs ;
Et contre les revers, l'homme affermi par elle
Du sort qui le poursuit lasse enfin les rigueurs.

Quant à l'instruction, il y aurait dans le fonds
de six mille francs fait par la colonie pour le
culte de quoi payer le curé et les écoles.
Au pasteur est naturellement confiée la surveillance de cette branche, qui se rattache essentiellement à la morale : on pourrait prendre dans ce qui a été dit à l'article II, *Éduca-*

---

(1) *Allorche il ciel simbruna,*
    Non manchi la speranja
    Tra l'ire del destin.
  Si stanca la fortuna,
    Resiste la costanza,
    E si triomfa al fin.

                Metastasio passi notabili.

tion théorique, du chapitre III, tout ce qui
serait praticable dans un lieu où il ne pourrait y avoir qu'une seule personne chargée de
l'éducation élémentaire.

*Les ouvriers des différentes professions reçus
dans une colonie agricole ne peuvent pas
être agriculteurs simultanément.*

J'ai dû préparer les moyens de répondre à
une objection que ne manqueront pas de me
faire les lecteurs, et je prendrai encore ici
mes exemples dans ceux qui nous sont offerts
par la colonie hollandaise.

L'agriculture étant de tous les arts celui
que peut embrasser le plus facilement l'intelligence humaine, à peine un colon est-il arrivé qu'il se réunit à un autre pour travailler
avec lui ; il ne bêche pas seul la terre qu'on
lui donne ; il bêche celle de ses voisins, qui
viennent aussi l'aider ; les ouvriers plus forts
se joignent aux ouvriers plus faibles pour
établir des résultats égaux ; il est, d'ailleurs,
démontré que, lorsque les hommes sont réunis,
leur travail, pris spécifiquement, abonde da-

vantage, parce qu'ils s'aident réciproquement
là où il faut assistance, et que d'ailleurs l'é-
mulation naît toujours là où il y a réunion.

*Parallèle entre les colonies de bienfaisance
et les établissemens d'industrie manufacturière ; résultats différens.*

Il a déjà été établi, comme proposition
incontestable, au commencement de cet article, que l'augmentation extraordinaire des
forces productives des arts auxquels on ap-
plique la mécanique avait détruit l'ancien
ordre économique ; qu'elle avait établi le
contraste choquant de la somptueuse sur-
abondance placée à côté de la détresse et de
l'incertitude ; j'ai ajouté que cet état de choses avait déjà commencé à faire naître l'inquiétude sur divers points en Europe (1).
L'établissement manufacturier de New-Lan-

_____

(1) M. de Sismondi, en parlant du désœuvrement des
ouvriers en Angleterre, dit : « L'ordre social qui met en
lutte ceux qui possèdent avec ceux qui travaillent ne
fait que commencer.... »

narck, dont j'ai aussi parlé, dirigé par M.
Owen, en Écosse, dans le but de procurer
du travail aux pauvres avec les manufactures, est sans doute une fondation louable ;
mais considéré sous les rapports généraux,
les effets sont diamétralement opposés à
ceux que produisent *les Colonies agricoles
de bienfaisance* : car, en multipliant les
ressources de l'industrie manufacturière, il
ne fait qu'augmenter les élémens du mal auquel il tend à servir de remède, et tandis
qu'il arrache à la misère quelques individus,
il crée d'un autre côté d'autres malheureux,
qui sont obligés d'abandonner leur profession, ne pouvant plus soutenir la concurrence:
l'Angleterre a quatre-vingt-deux mille maisons
inhabitées, et elle avait, il y a quelques années, plus de neuf cent mille pauvres (1).

L'industrie agricole, au contraire, est bien
loin d'entraîner les mêmes résultats : au lieu
de détruire le travail, source de paix, de bonheur et de vertus, elle ne fait que le répartir

(1) Voir tome 1, art. *Angleterre*, page 49.

dans la proportion nécessaire aux garanties
sociales.

Chaque ferme d'une colonie agricole, étant
de cinq arpens, pourra nourrir cinq personnes ; d'après les calculs généraux, on compte
qu'il suffit d'un demi-arpent de terre en culture pour nourrir un individu : or, sur
cinq arpens, il y en a donc déjà deux et
demi qui servent à nourrir la famille qui
les cultive ; quant au produit de ce qui reste,
il sert aux échanges nécessaires pour subvenir aux autres besoins de la vie économique.

Il n'en est pas de même de l'influence qu'a
sur la généralité des individus le grand développement de la mécanique appliquée aux
arts manufacturiers : si elle est arrivée au
point où dix produisent aujourd'hui autant que
deux cents produisaient autrefois, comment
les cent quatre-vingt-dix, déplacés de leur
sphère par un accident imprévu et dont ils
ne sont point passibles, pourront-ils trouver
à se classer utilement ? A quelles alternatives
la plupart ne se trouveront-ils pas livrés ? Il
ne faut pas moins que des ressources extraor-

dinaires, telles que celles de l'Angleterre,
pour remédier à un pareil ordre de choses.
C'est cette cause qui force cette puissance de
faire tous les efforts et tous les sacrifices pour
se créer de nouveaux marchés, et s'ouvrir de
nouveaux débouchés, cause qui influe sur sa
politique, et la rend trop souvent incompatible avec celle des autres puissances.

Considérations générales sur les colonies agricoles de bienfaisance.

La colonie agricole de Frederich-Ood n'est
pas la seule de cette nature qui existe en Europe; on cite encore celle de Louisenbourg
dans le duché de Clèves, dont j'ai parlé à l'article · *Prusse* (1); en Danemarck, celle de
M. Woght, située entre Hambourg et Al-
tona (2); celle du pays de Waës dans la Flan-
dre orientale; celles de Pekelhaa et de Wil
de Vanck dans le Groningue; il y a peu

---

(1) Art. *Prusse*, tom. I, pag. 90.
(2) La description de la colonie de M. Woght a été
faite à l'article *Danemarck*, tom. I, p. 111.

de temps qu'il était question d'en former
encore une dans la bruyère de Meexplas près
Bruxelles, pour offrir des moyens d'existence
aux individus de cette ville qui manquent de
travail. Toujours est-il vrai que c'est particulièrement en Hollande que ces vues, dont
il est si facile de reconnaître l'heureuse influence, ont été suivies et fixées ; je répéterai
ici une pensée que j'ai déjà mise au jour à
l'article *Hollande*, vol. Ier. : Un grand roi
(Louis XIV), qui eut autour de lui moins
d'hommes courageux et dévoués, disposés à
lui démontrer et à lui prouver la vérité, que
de génies occupés de chercher à ajouter aux
pompes d'un siècle éclatant ; Louis XIV, dont
le jugement avertissait des règles de la science
économique, mais à qui manquait la méthode pour laquelle son siècle n'était pas en-
clin, recommandait souvent à ses ministres de
prendre pour modèle les Hollandais dans leurs
plans économiques.

Il reste peut-être encore d'heureuses institutions, fondées sur le même plan et avec
quelques modifications, dans quelques par-

ties de l'Europe ; il est très-possible que mes
recherches se trouvent en défaut à cet égard,
et que mes efforts pour les compléter n'aient
point été couronnés d'un plein succès ; car,
en règle générale, la renommée a moins d'organes pour annoncer le bien que pour publier
le mal : il n'est pas nécessaire de présenter
des matériaux abondans pour démontrer qu'il
existe peu de fondations modernes dont
l'humanité ait ressenti davantage les heureux
effets.

Parce que les colonies agricoles de bienfaisance offrent le tableau d'une parfaite uni-
formité, plusieurs personnes trop craintives
voient dans cette institution un principe qui
manque d'harmonie avec l'ordre qui nous ré-
git. Ces appréhensions ne sont ni fondées ni
charitables : les colons sont ou usufruitiers,
ou fermiers ; par conséquent, ils n'ont point
le titre de propriétaires ; ils sont soumis à des
réglemens, à une police, aux deux autorités
civile et religieuse, et ils n'ont point ces passions ombrageuses et turbulentes que l'on
trouve quèlquefois dans les pays où la propriété

15.

est divisée en lambeaux, parce que l'envie s'arrête là où la propriété, par sa nature, n'est pas susceptible de s'étendre. Un des graves inconvéniens d'un pays où la propriété est morcelée, c'est que le travail n'y est jamais assuré, parce que, dans les années de disette, la crainte retient le petit propriétaire, et qu'il fait lui-même au lieu de faire faire; et que, dans les années d'abondance, la main-d'œuvre lui manque aussi, parce qu'il n'est entouré que de propriétaires qui, comme lui, ne se soucient pas d'aller cultiver le champ d'autrui. Dans les colonies agricoles, au contraire, la main-d'œuvre ne manque jamais; une administration prévoyante a préparé du travail pour les différens âges et les différens sexes, et l'avenir y est toujours assuré, parce que la main du fondateur s'occupe d'amasser le fonds de réserve destiné à soutenir tous ces petits fermiers dans les années de calamité.

Le lecteur judicieux distinguera sans doute dans l'ensemble de ce travail deux idées, qui, au premier aspect, semblent se présenter sous une parfaite synonymie, et qui cependant sont

bien différentes dans leurs résultats : *exciter
la production et exciter l'effet de la production*. Le morcellement sans limites de la propriété anime à la production, accroît la population et la consommation, mais laisse l'esprit
dans le vague de l'incertitude sur l'avenir : les
théories agricoles, qui enseignent à tirer parti
des richesses de la nature ; qui déterminent
vers quels travaux l'homme doit diriger son
application ; qui appellent la demande et l'ex-
portation, excitent les résultats de l'exporta-
tion, et forment ces valeurs échangeables et
reproductives, véritables sources de la richesse et de la prospérité.

Abondance et non-valeur ne sont pas richesse : si c'est dans l'aisance que réside la
force, quels moyens plus sûrs pour la créer
que de faire entrer dans l'organisation sociale
des mesures de prévoyance pour venir au secours du malheur et de la pauvreté ?

Les colonies de bienfaisance ne tendent
point à augmenter ces flots de population
dont l'Europe étonnée voit le flux et le reflux
comme un mal qui pèse sur l'avenir : au con-

traire, en prévenant les effets d'une nécessité désastreuse, elles établissent la preuve morale des avantages de la civilisation sur les siècles de barbarie, qui ne connurent d'autres limites à l'accroissement de la population que les fléaux qui ont désolé la terre.

Je ne crois pas de nouvelles preuves indispensables pour démontrer le but d'utilité vers lequel n'ont cessé de marcher les établissemens appelés *Colonies agricoles de bienfaisance*, formés dans diverses parties de l'Europe.

Mais en dernier lieu il est digne de remarque que ce que Louis XIV prescrivait à ses ministres, Frédéric l'exécuta ; car ce fut un Hollandais nommé *Ulino*, qui fonda dans ses États la colonie de Phalzdorf (1) près de Clèves. Son nom mérite d'être conservé par la reconnaissance. Les Anglais donnèrent lieu involontairement à la grande et rapide aug-

---

(1) Phalzdorf signifie en allemand *bourg palatin;* j'ai dit, à l'article *Hollande*, que ce nom avait été changé contre celui de Louisenbourg.

mentation de cette colonie. Vers le milieu du
dernier siècle, ils recrutèrent pour la Pensyl-
vanie dans la principauté de Nassau : les colons qui étaient destinés pour l'Amérique,
après avoir attendu long-temps à Rotterdam
les vaisseaux qui devaient venir les chercher,
se trouvant dépourvus de moyens d'existence,
sollicitèrent du gouvernement prussien des
bruyères pour les défricher; Frédéric leur
accorda du terrain dans les environs de
Clèves; il leur fit distribuer gratuitement les
semailles; plus tard il leur donna des bois,
afin qu'ils pussent remplacer par des maisons
les espèces de huttes qui leur avaient servi
d'abris; il fit plus, il leur décerna des encouragemens, et contribua tant à leur prospérité par ce concours de moyens, que depuis
puis un siècle cette colonie, qui, dans le
principe, ne fut composée que de six fermes
d'environ trente arpens de Hollande chacune, s'est élevée progressivement au nombre de trois cent quatre-vingt-treize maisons et fermes, contenant, d'après les derniers
rapports, quatre cent vingt familles, et deux

mille cinq cent trente-neuf âmes ; ce qui fait
six personnes par chaque famille.

Les terres de la colonie de Phalzdorf ou
Louisenbourg sont, il faut le dire, les plus
ingrates qu'il soit possible de trouver : au-
dessous de la couche superficielle, ces anciennes bruyères ne présentent qu'une forte
couche d'argile , presque sans mélange de
terre végétale, qui se réduit en poudre dans
les temps de sécheresse, et se trouve sans
consistance dans les temps humides; mais
que ne fait pas l'indigence courageuse lorsqu'elle se sent soutenue par une haute pro-
tection ?

La quantité d'engrais qu'on prodigue à
ces terres paraît effrayante. Une terre de
trente arpens hollandais exige une dépense de plus de mille francs, et c'est sur le
produit d'un nombreux bétail que les colons
se retirent : la différence qui existe entre l'é-
tendue de chaume des fermes de la colonie
prussienne et celle de la colonie hollandaise
rappelle que la nature du terrain doit déterminer la tenure d'une ferme. En général, les

pays où l'on cultive la vigne, ceux de coteaux
ou de montagnes, sont des pays de petite propriété; ceux de plaine, étant plus particulièrement destinés pour les céréaux et le bétail,
exigent que les domaines ruraux soient sur
une échelle plus étendue (1)

---

(1) Les fermes de la colonie de Frederich-Ood sont de
quatre arpens et demi ; celles de Louisenbourg sont de
trente arpens.

CHAPITRE V.

DES INSTITUTS RELIGIEUX ET AGRICOLES.

« LE frère, aidé de son frère (dit Bossuet),
» est comme une ville forte; les forces se mul-
» tiplient par la société et le secours mutuel.

» Il vaut mieux être deux ensemble que
» d'être seul; car on trouve une grande uti-
» lité dans cette union : si l'un tombe, l'au-
» tre le soutient; malheur à celui qui est
» seul! il n'a personne pour le relever. Si
» quelqu'un est trop fort contre un seul,
» deux pourront lui résister : une corde à
» trois cordons est difficile à rompre.

» Dieu, voulant établir la Société, a donné
» aux hommes divers talens, afin qu'ils puis-
» sent s'entre-secourir, comme les membres
» du corps, et que l'union soit resserrée
» par le besoin mutuel. Tous les membres
» n'ont pas les mêmes fonctions; mais tous
» sont dépendans les uns des autres. »

C'est ainsi que parlait le célèbre évèque de Meaux, pour faire connaître à un grand Roi le but des liens sociaux, et l'utilité de l'assistance mutuelle.

Parmi les ordres réguliers, ceux qui ont joint à leurs travaux religieux un but d'utilité ont été respectés par les ennemis mêmes des institutions religieuses.

Les moines de Saint-Bernard, les sœurs de la Charité, n'ont pas cessé d'exister en France; et les trappistes, quoique exposés, comme tous les autres religieux, sur une mer agitée, ont constamment formé un noyau, et conservé un centre d'union, qui a prouvé que leur institution était au-dessus de la puissance humaine. On doit regarder ces trois corporations régulières comme celles qui sont le plus en rapport avec la société, par les services qu'elles lui rendent.

Pendant les orages politiques, une légion pieuse de ces vénérables cénobites, obligée de quitter une patrie que le travail, la prière et les privations, auraient dû rendre pour elle une anticipation de l'autre patrie, se réfu-

gia en Angleterre, dans le comté de Dorset, à
Lulsworth : c'est là qu'on lui accorda un asile
hospitalier, où ces religieux restèrent vingt-
cinq ans.

Après ce long exil, le calme a succédé aux
orages : cette mer pleine d'écueils est devenue navigable, et il leur a été permis de contempler encore le port du salut dans le lieu
où la main de la Providence avait marqué
précédemment leur séjour.

Plusieurs catholiques anglais se réunirent à
ces trappistes, et ils revinrent, en 1817, au
nombre de soixante, pour fonder de nouveau
l'ancienne abbaye de Meilleraie (1), dont ils
avaient fait la réacquisition. Les acquéreurs
avaient tout détruit, bientôt le vénérable
abbé, mettant à l'épreuve le zèle de ses com-
pagnons dévoués changea l'aspect de ces lieux

---

(1) L'abbaye de Meilleraie est située dans la partie nord-
est du département de la Loire-Inférieure, dans le canton de Moidon, arrondissement de Châteaubriant,
entre les rivières d'Isjac, du Don et de l'Esdre, à huit
lieues de Nantes.

abandonnés, et par des travaux dirigés avec
la plus haute intelligence, obtint des terres de
l'abbaye une valeur décuple de celle qu'elles
produisaient avant cette époque ; on pratiqua
des desséchemens, on multiplia les engrais,
on changea les méthodes d'assolement ; enfin, par les soins des laborieux trappistes, ce
lieu dont les reptiles s'étaient déjà emparés,
où d'innombrables insectes, produits des eaux
stagnantes, se multipliaient dans le temps de
la chaleur, est devenu une terre riche, saine,
tranquille, et le modèle de la plus belle culture.

Semblables à ces abeilles qui ont perdu
quelque temps la ruche où était le dépôt de
leurs travaux, les anciens habitans du monastère de Meilleraie se sont empressés de
relever leur temple, leur habitation, les édifices ruraux, et de décorer les champs qui
les entouraient de ces rians ornemens que
présentent aujourd'hui les travaux les mieux
entendus.

Ce qui, sur-tout, doit faire naître de profondes réflexions, c'est que ce monastère, qui,
dans le douzième siècle, en 1132, avait été

fondé par des religieux anglais de l'abbaye de Penthon, fut, dans le dix-neuvième, relevé par des religieux de la même origine unis à des Français.

Différens personnages généreux, à la tête desquels le Roi Louis XVIII, dont la bienfaisance n'exposait à la publicité que les actions qui, par leur nature, ne pouvaient lui échapper (1), ont contribué à seconder les efforts du vénérable abbé de Meilleraie, dom Antoine Meray, et enfin cette pieuse et exemplaire institution s'est relevée sur ses anciennes ruines.

Sous la direction de cet honorable fondateur se sont élevés, dans le couvent des trappistes, une brasserie, une forge, une tannerie, différens ateliers d'instrumens aratoires : tous les détails de la vie rurale se trouvent

_____

(1) Comme il n'y a point d'inconvénient à publier, après la mort des souverains, leurs traits de générosité, qu'ils n'ont pas voulu faire connaître lorsqu'ils vivaient, on peut affirmer ici que Louis XVIII a contribué à relever le pieux édifice de Meilleraie, et qu'il a fait don au R. P. abbé de très-beaux tableaux pour décorer l'église.

dans cette industrieuse retraite à leur point
de perfection ; on y élève toutes les espèces
d'animaux domestiques qui conviennent au
pays ; on y fabrique du beurre, du fromage ;
la laiterie est tenue parfaitement, et l'art avec
lequel les prairies sont amendées y produit un
fourrage excellent, qui communique au lait
des vaches une très-bonne qualité ; enfin cette
question : « Si la vie contemplative est com-
» patible avec la vie économique », se trouve
ici affirmativement décidée.

A leur retour d'Angleterre, ces intrépides
religieux ont cherché à propager les méthodes d'assolement dont ils ont reconnu tous
les avantages ; ils ont tenté de mettre en pratique une partie des idées que j'ai exposées ;
enfin ils ont suivi cette belle maxime de
l'illustre écrivain déjà cité : *Qu'aimer les hommes, c'est servir Dieu.*

C'est aux trappistes de Meilleraie que l'ancienne province de Bretagne doit la propagation d'une espèce de fourrage dit *ray-grass*,
qui y était inconnue, qui forme une excellente
nourriture pour les animaux domestiques, et

offre à la terre un très-bon amendement. Il vient très-haut et très-épais. Il est fauché, la première année, deux fois ; on le laisse en pâture la seconde, et on le retourne la troisième.

La méthode anglaise d'agriculture est rigoureusement suivie au couvent de la Trappe; elle consiste à avoir beaucoup de bétail pour former beaucoup d'engrais, à consommer sur le lieu même les fourrages produits par les prairies naturelles et artificielles, et à réunir à ces masses copieuses des engrais artificiels *composts*, faits par les moyens qui ont été déjà indiqués (1).

Il est inutile d'entrer en discussion sur les bases qui devraient être adoptées, si le projet présenté au ministère, de fonder une École d'instruction rurale à l'abbaye de la Trappe, était jugé heureux dans son exécution, puisqu'elles ont été déjà tracées au chapitre III, art. 1, 2, 3, 4 et 5. J'ajouterai seulement qu'il serait beau et exemplaire pour l'Europe de réunir à la puissance morale, qui indique les

---

(1) Tome I, page 78, article *France*.

véritables moyens de faire un bon emploi des biens de la vie, l'action matérielle, qui enseigne à les créer, et à éviter les fautes les plus nuisibles au bien-être des familles et à la prospérité publique.

Ce plan, apprécié et soutenu par les députés et les cinq conseils généraux des départemens que renferme l'ancienne province de Bretagne, est maintenant élevé trop haut par la force de l'opinion et des autorités les plus respectables, pour que son éminente utilité ne finisse pas par attirer un instant les regards du Monarque : ne blâmons point les retards que peut éprouver son exécution ; il ne faut point s'attendre à des résolutions spontanées quand il s'agit de nouvelles créations.

Quelle que soit l'époque où ces vues pourront être prises en considération, la conviction des avantages qu'elles doivent procurer étant le seul motif qui m'a dirigé, leur succès serait le véritable prix de mes soins, et le seul auquel je prétende.

Pour démontrer de quelle importance a déjà été l'Institution religieuse et agricole dans l'an-

2.   16

cienne province de Bretagne, il suffit de dire
que dans peu de temps les religieux ont des-
séché deux étangs qui formaient près de cent
arpens , qu'ils ont mis en terre labourable
et en jardin.

Jusqu'à l'époque où ces desséchemens ont
eu lieu , les habitans de cette contrée ne les
avaient pas jugés possibles ; c'est en multipliant les canaux d'irrigation avec un art
admirable que l'on a purgé ce terrain des
eaux stagnantes qui le rendaient stérile ,
que l'on a assaini la contrée, et que l'on a
restitué à l'agriculture les terres que l'incurie
lui avait dérobées : quels avantages pour la
condition humaine, quand des idées aussi fécondes ne s'arrêtent point aux remparts qui
s'élèvent souvent entre les théories et les pratiques !

FIN DU TOME SECOND.

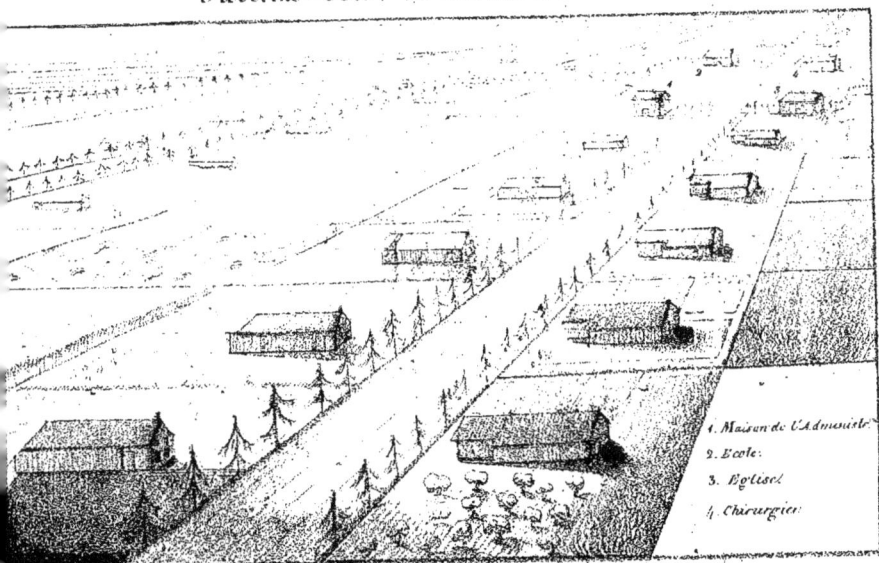

PLAN en perspective d'une Colonie agricole, d'après le modèle de alle de Frederiks-Oord, en Hollande.

1. Maison de l'Administr
2. Ecole.
3. Eglise.
4. Chirurgien.

De l'aquaculture en
Europe et en Amérique

Plan

Caisse 2
1   avant le

page 243

TABLE ANALYTIQUE

DES

CHAPITRES ET ARTICLES.

TOME PREMIER.

16.

CHAPITRE PREMIER.

DE L'AGRICULTURE EN GÉNÉRAL, CONSIDÉRÉE SOUS LES
DIVERS POINTS DE VUE QUI SONT PLUS SPÉCIALEMENT
SUSCEPTIBLES DE FIXER LES REGARDS DU GOUVERNE-
MENT.

Art. II. — Suisse.

Art. XII. — Duché de Hesse-Darmstadt.

Art. XIII. — Espagne.

Pag.

ART. XVIII. — FRANCE.

TOME SECOND.

CHAPITRE II.

Vues de Sully et de Colbert sur l'agriculture. — Améliorations agricoles introduites par ces deux ministres. — Causes qui les ont fait abandonner. — Motifs pour les rétablir.

CHAPITRE III.

CONSIDÉRATIONS GÉNÉRALES SUR L'ÉDUCATION RU-
RALE PRATIQUE ET THÉORIQUE, ET SUR LES
MOYENS D'EMPLOYER LES ENFANS DES CULTIVATEURS
ET DES PAUVRES A DES OCCUPATIONS UTILES A
L'ÉTAT ET A EUX-MÊMES.

Art. IV.—Éducation morale et religieuse des
instituts agricoles.

CHAPITRE IV.

APERÇU SUR LES COLONIES AGRICOLES DE BIENFAISANCE ÉTABLIES SUR PLUSIEURS POINTS EN EUROPE, DANS LE BUT DE SUBVENIR AUX BESOINS DE L'INDIGENCE. — INDICATION DES LANDES ET FRICHES QUI EXISTENT EN FRANCE. — MOYENS DE LES FAIRE SERVIR A LA FORMATION DES COLONIES DE BIENFAISANCE.

18.

CHAPITRE V.

DES INSTITUTS RELIGIEUX ET AGRICOLES.

FIN DE LA TABLE ANALYTIQUE.

www.ingramcontent.com/pod-product-compliance
Lightning Source LLC
Chambersburg PA
CBHW070249200326
41518CB00010B/1741